JN002873

思考理科

なぜ?からはじめよう SDGs ③

芸術の理解を深める理科

藤嶋昭（東京理科大学 栄誉教授）監修
田中幸／結城千代子 著

東京書籍

もくじ

〇の数字はSDGsの中の関連する番号になっているよ

1 光の理科で見る美

2 音の不思議

3 触れて知る世界の理科

SDGs17の目標

(→第1巻にくわしく書いてあります)

国連SDGs公式サイト（英語）
https://www.un.org/sustainabledevelopment/

The content of this publication has not been approved by the United Nations and does not reflect the views of the United Nations or its officials or Member States.

はじめに

音楽や図工では自分の心を表現《ひょうげん》したり、ほかの人の作品《さくひん》に触《ふ》れて、伝《つた》えたかった想《おも》いを知ることを学びます。

人はさまざまな形で自分を表現し、イマジネーションをほかの人と伝え合いますが、それらをまとめて芸術《げいじゅつ》と呼《よ》びます。

芸術を受《う》け止めたり発《はっ》したりするために、人は見たり、聞いたり、触《さわ》ったりと体全体《からだぜんたい》の五感《ごかん》を使《つか》います。

なぜ見えるのか、聞こえるのかといった理科の思考をもとに、より深《ふか》く芸術に触れて作品の意図《いと》を捉《とら》え、自分でも創作《そうさく》していきましょう。

そしてこの本ではSDGs《エスディージーズ》に関《かか》わる話をところどころで取《と》り上げています。理科の学びを通してSDGsへの理解《りかい》が深まることも願《ねが》っています。

（著者《ちょしゃ》より）

1

光の理科で見る美《び》

空には空気しかないけれど、なぜ絵の具《ぐ》を塗《ぬ》らなくても青く見えるの？

レナルドさんは美術館《びじゅつかん》で教科書に載《の》っていた風景画《ふうけいが》の実物《じつぶつ》を見ました。印刷《いんさつ》よりもずっと美《うつく》しく、鮮《あざ》やかな青色です。とても感動《かんどう》したので、家に帰って、自分も絵の具で空を描《か》いてみました。美術館の絵にはかないませんでしたが、その日の空の青がうまく出ていると思いました。

満足《まんぞく》したレナルドさんでしたが、ふと、空の色はどうして青いのか気になりました。

「空には紙がないから絵の具も塗れない。紙の代《か》わりにあるのは……そうだ、空気だ。空気が青いんだ。」

そこまで考えましたが、自分のまわりにも空気があることを思い出しました。今、このときも呼吸《こきゅう》をして空気を吸《す》っているのです。

「ううん、まわりの空気は青くは見えないけれど、空にあるときだけ、青く見えるのかな。夜には黒くなるから、太陽《たいよう》の光が青く見せるのかな。そういえば、火星の写真《しゃしん》の空は青じゃなかった。空気の種類《しゅるい》が違《ちが》うのかな。」

レナルドさんはいろいろなことが不思議《ふしぎ》になったので、地球《ちきゅう》や宇宙《うちゅう》のことが詳《くわ》しく書いてある理科の本を読んでみることにしました。

『宇宙にある星は太陽のように自分で光を出している星と、地球のように自分で光を出していない星があります。光を出していない星の空の色を考えてみると、青く見えるのはかなり珍《めずら》しいでしょう。太陽のまわりを回っている惑星《わくせい》は、海王星までで8個《こ》あります。惑星とは呼《よ》ばなくなった冥王星《めいおうせい》や、惑星のまわりを回っている月のような衛星《えいせい》を入れても、どうやら地上から見上げて、青空が見えるのは地球だけのようです。

太陽の光は七色すべてが混《ま》じり合ったもので、それが星を照《て》らします。地球を宇宙から見ると青く見えるのは主《しゅ》として海があるからですが、地上から空が青く見えるのは薄《うす》い空気の層《そう》が地球を取《と》り巻《ま》いているからです。もし大気と呼ばれるこの空気がなかったら、どうでしょうか。

大気のない月では、太陽の光はただ月面《げつめん》を照らすだけで、空は宇宙の闇《やみ》そのものです。太陽は闇の星空の中に、こうこうと輝《かがや》いています。

地球では、大気を通して宇宙を見るので、曇《くも》りガラスごしに外を見ると景色《けしき》がぼんやりするように、宇宙の闇や星々の見え方が月とは違います。太陽の光は大気を通って地上に降《ふ》り注《そそ》ぐため、大気を抜《ぬ》けるときに、光は空気の粒《つぶ》（分子）にぶつかります。すると、七色の中の青い光だけが空いっぱいに散《ち》らばる散乱《さんらん》という現象《げんしょう》を起《お》こします。

散乱とはどんな現象でしょう。光は空間を伝《つた》わる波なので、池の波紋《はもん》を想像《そうぞう》するとわかりやすいでしょう。池に波が広がっていくとき、そこに細い杭《くい》が立っていると、波はその杭にぶつかって、そこからまた四方八方に波紋が広がっていきます。このように、散乱とは、波が物にぶつかると進《すす》んできた方向《ほうこう》以外《いがい》にも散らばって、辺り一面に広がる現象です。波の揺《ゆ》れの大きさと杭の太さが同じくらいだと、よく散乱します。

青い光の波の揺れは細かく、空気中の酸素《さんそ》や窒素《ちっそ》分子ぐらい細かい物に当たるとよく散乱します。無数《むすう》の青い光が、次々《つぎつぎ》に広く散らばるので、空全体《ぜんたい》が青く見えます。

赤い光の波の揺れは大きいので、細かい空気中の窒素などの分子ではあまり散乱されません。けれども火星は大気が少なく砂ぼこりがひどいので、上空には空気の分子などよりは、だいぶ大きなチリや砂《すな》の粒《つぶ》がたくさん舞《ま》っています。ですからゆったりした波の赤い光が散乱されやすく、火星の空はふだんオレンジ色っぽく見えます。』

「へえ、でも、地球の空気にもチリがあるよね。もしかしたら、夕焼《ゆうや》けが赤いのはそれに関係《かんけい》があるのかな。でも、なんで、昼間と夕方とで空の色が違うんだろう。あ、朝も朝焼けで赤っぽくなることがある。太陽の高さに関係があるのかな。」

　レナルドさんは頭の中で、地球と太陽の位置《いち》を想像してみました。

　レナルドさんが考えた通り、地球の大気にもチリがあるので、赤い光も散らばっていますが、昼間は青い光のほうが多く散乱されるので青空になります。太

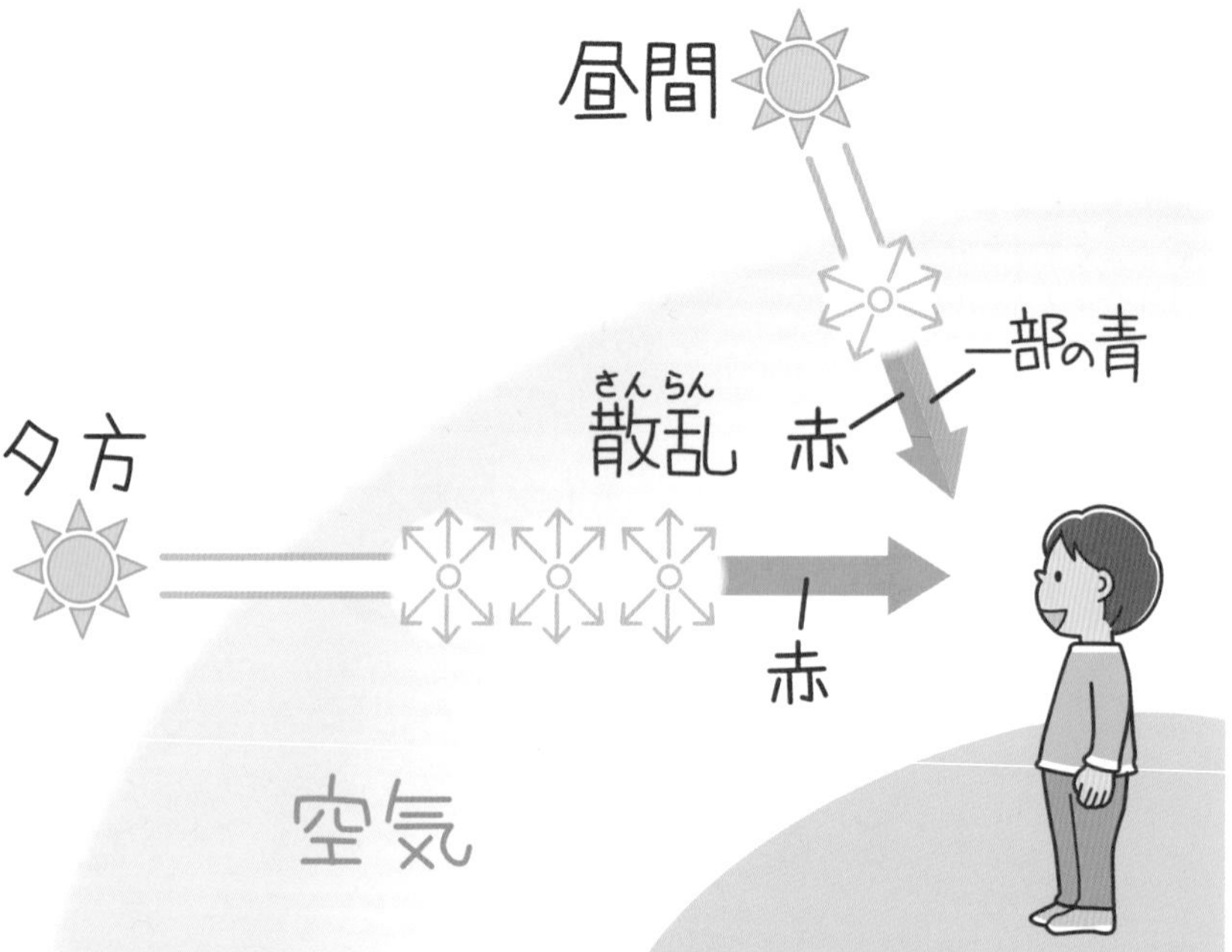

陽が沈《しず》むときには、昼間、真上《まうえ》にあるときに比《くら》べて、太陽光は長い距離《きょり》の大気の中を通り抜けていきます。青い光は周囲《しゅうい》にはよく散らばるのですが、遠くまでは届《とど》きにくく、赤い光のほうが遠くまで届きやすいのです。夕暮《ゆうぐ》れの茜《あかね》色の夕焼けは、赤い光のほうが多く私《わたし》たちの目に届くためです。

天王星や海王星は、地球とは違《ちが》った色合いの、とても美しい青い色をしています。しかし、これらの星はメタンでできた分厚《ぶあつ》い大気を持《も》っているので、地上まで十分に光が届かず、もし地上から見上げたとしても、地球のような青空は見られそうにありません。

地球の空が昼間見上げると青いのは、ほどよい厚さの大気があるからです。

「ほどよい厚さの大気に太陽の光が当たって散乱して、明るい青空が見えるのか。ということは、きれいな空気を大切にしないと、このすんだ青空を守《まも》れないんだな。」

そう思ったレナルドさんは、今度《こんど》はどうやったらきれいな空を守れるかを調《しら》べてみようと決心《けっしん》しました。

カメラにはレンズがある。虫メガネもレンズ。レンズはいつ誰《だれ》が作ったの？

まきさんはおじさんに招待《しょうたい》されて写真展《しゃしんてん》に行きました。おじさんが撮《と》った写真は、桜《さくら》吹雪《ふぶき》や、川べりで水《みず》しぶきを上げる鳥など、いろいろな風景《ふうけい》があってすてきです。

「今日はご招待ありがとうございました。とてもきれいです。」

「ありがとう。レンズの魔法《まほう》だよ。」

おじさんは愛用《あいよう》の大きなカメラを見せてくれました。

「レンズってこのガラスのことでしょう。」

「そうだよ。まきちゃんのスマートフォンの丸い目みたいなのもレンズだ。写真で景《け》色《しき》を画面《がめん》や紙に写《うつ》すには、光を集《あつ》めるレンズが必要《ひつよう》なんだよ。」

「虫メガネもレンズですよね。理科で使《つか》ったときに習《なら》いました。小さいものを大きく見せてくれます。」

　写真の景色は小さくなるので、まきさんはちょっと不思議《ふしぎ》に思いました。

「そういえば、顕微鏡《けんびきょう》や望遠鏡《ぼうえんきょう》もレンズが使われています。どれも大きく見えるのに、カメラのレンズでは小さくなるんですね。」

「なるほど、まきちゃんの言う通りだねえ。」おじさんは感心《かんしん》して、レンズのお話を始《はじ》めました。

「虫メガネのレンズは透明《とうめい》で、中央《ちゅうおう》がふくらんだ凸《とつ》レンズなんだが、このカーブは適《てき》当《とう》なふくらみ方ではなく球《きゅう》の一部《いちぶ》だ。そんなレンズには平行《へいこう》に進んできた光が当たると集まる点、「焦点《しょうてん》」がある。

　たとえば空の太陽《たいよう》からの光は地上に来るとき、ほぼ平行だ。太陽の光を黒い紙の上に集め、焦点を結《むす》ばせると、ミニ太陽がそこにできるようなものなので、黒い紙が焦《こ》げるね。

　虫メガネは、見たいもののほうを焦点の内側《うちがわ》に置《お》く。目に光が届く様子《ようす》を想像《そうぞう》してごらん。」

「なるほど、それで大きく見えるのですね。」

「カメラでは、レンズの焦点の外側に写したいものがある。こんな感じだ。」

「それで小さく写るのですね。なるほど。便利《べんり》なものを発明《はつめい》した人がいますね。」

　まきさんの言葉におじさんは首を横《よこ》にふりました。

「誰と言えるほど、はっきりした発明者《はつめいしゃ》はいないんだ。ぼくの想像だけどね、昔《むかし》の人は、葉《は》っぱについた水滴《すいてき》ごしに見たものが拡《かく》大《だい》されることに気づいて、水晶《すいしょう》やガラスのような透明なもので代《だい》用《よう》できないかと工夫《くふう》したのではないかと思う。世界最古《せかいさいこ》のレンズ

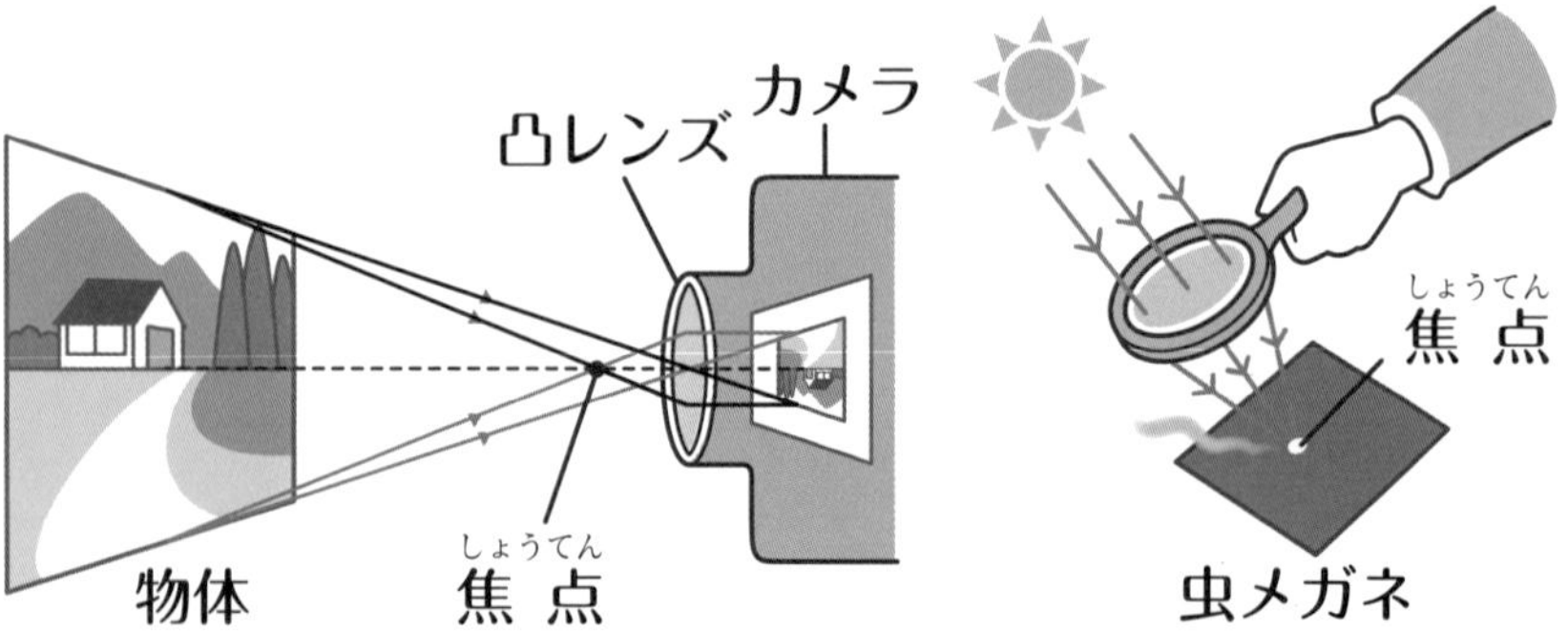

は、紀元前《きげんぜん》750~900年頃《ごろ》の『水晶の小片《しょうへん》』でアッシリア文明の都市遺跡《としいせき》で見つかった。現在《げんざい》のイラクの北方だね。1853年にレイヤードという人が発見して、今はイギリスの大英博物館《だいえいはくぶつかん》で展示《てんじ》されている。焦点は12センチメートルであることもわかっている。おじさんも見たことがあるが、そう言われればレンズみたいだけれど、何に使ったのかちょっとわからないものだった。」

ほかにも古代のギリシャやローマ、それに続《つづ》くアラビアにも関《かん》係《けい》のある話が残《のこ》っています。これら古い時代の遺跡《いせき》や像は現在もたくさん残っていて芸術的《げいじゅつてき》にも見事《みごと》ですが、その当時議論《ぎろん》され、考え出されたことは、現在でも政治《せいじ》、数学、科学、文学、音楽など広く多くの学問の基礎《きそ》になっていると言われています。

正確《せいかく》にはレンズとは言えませんが、2世紀《せいき》頃、エジプトで活躍《かつやく》したプトレマイオスは、透明な球体でものを拡大して見ることができると言っています。さらに、965

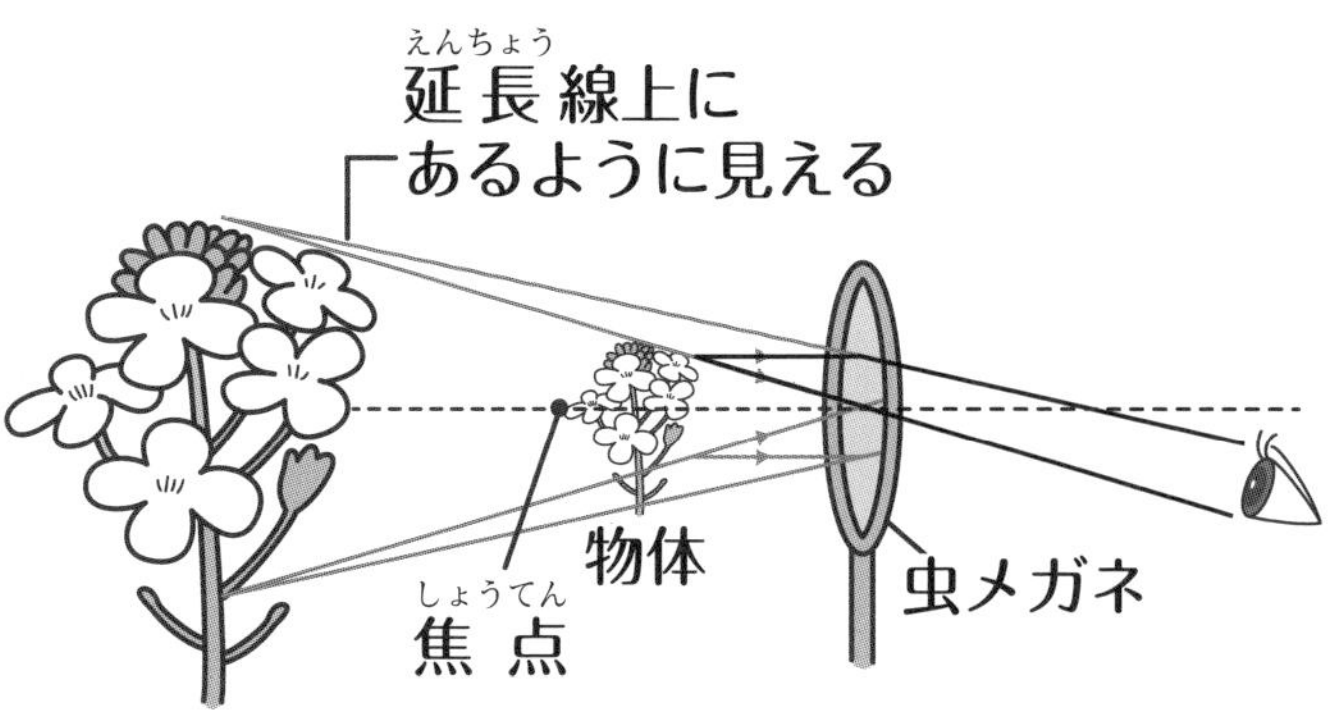

年にイラクのバスラで生まれたアルハーゼンは、『光学の書』という本を残していて、レンズがものを拡大して見せる仕組《しく》みを研究《けんきゅう》していました。ですからこの時代にはすでにレンズが存在《そんざい》していたのかもしれません。

「でも、アルハーゼン自身は実際《じっさい》にレンズを作ったりはしなかったようなんだ。」

おじさんはそう付《つ》け加《くわ》えました。

「仕組みを考えたけれど、実験《じっけん》で確かめたりはしなかったということですね。」

それは今の理科のやり方とは少し違《ちが》っているなと、まきさんは思いました。

「でも、きっと本が出されたから、のちの誰かが試《ため》したりしたのでしょう？」

まきさんの問《と》いにおじさんは「その通りだよ。」と続きを話してくれました。

「少しすると、『光学の書』がラテン語に翻訳《ほんやく》され、多くの修道士《しゅうどうし》に読まれるようになって、ヨーロッパ各地《かくち》で、レンズの製作《せいさく》が盛《さか》んになったんだ。13世紀には、書物《しょもつ》の上に直接《ちょくせつ》レンズを置いてルーペとして使用《しよう》されている。文字を読むのに役立《やくだ》つから、リーディングストーンとも言われているよ。その後、イタリアのベネチアで、ガラスの技術《ぎじゅつ》が進んで、無色透明《むしょくとうめい》のガラスが盛んに作られるようになった。質《しつ》のいい透明ガラスの登場《とうじょう》でレンズは発展し、２枚《まい》のレンズを組み合わせて、顕微鏡や望遠鏡が作られるようになるんだ。」

　最後におじさんがおもしろそうに付け加えました。

「ところで、レンズという言葉《ことば》は、レンズ豆《まめ》に由来《ゆらい》している。レンズ豆の歴史《れきし》は古く、旧約聖書《きゅうやくせいしょ》の創世記《そうせいき》にスープの記述《きじゅつ》があるくらいだよ。レンズは、レンズ豆に似《に》ているからレンズと名付けられたんだよ。」

「その豆のスープ、飲《の》んだことがあります。」

古代《こだい》のギリシャの神話《しんわ》。そこに登場《とうじょう》する人やものの形が星座《せいざ》になったの？

ゆうきさんは友達《ともだち》に「牡羊座《おひつじざ》の今日のラッキーカラーは青。」と教えてもらいました。

「星座は占《うらな》いにもなっているけど、理科でも習《なら》ったなあ。誰《だれ》が決《き》めたんだろう……。星座にはギリシャ神話の神様《かみさま》もいるみたい。そもそもギリシャ神話って何かな。」

気になり始めたゆうきさんは、インターネットで検索《けんさく》してみました。「星座」というキーワードで探《さが》すと12星座や四季《しき》の星座などの説明《せつめい》が見つかりました。

「星占いの話が多いけど、知りたいこととは違《ちが》う。キーワードを増《ふ》やしてみよう。」

ギリシャ神話というキーワードも加《くわ》えると、星座の成《な》り立ちについての情報《じょうほう》がたくさん見つかりました。

「科学館《かがくかん》や生涯学習《しょうがいがくしゅう》センターのページが見やすいかなあ。情報も信《しん》じられそうだし、ぼくでも理解《りかい》できるように書いてある。」

そう思ったゆうきさんは、読んで、わかったことをまとめてみました。

『昔《むかし》から国によって、さまざまな星座があり、違った呼《よ》び名があった。しかし地域《ちいき》や民族《みんぞく》、時代によって違うのは天文学としては困《こま》るので、１９２２年、全世界《ぜんせかい》の天文学者《てんもんがくしゃ》の間で88の星座を決めた。今、私《わたし》たちが知っているそんな星座の多くは、ギリシャ神話に基《もと》づいている。ギリシャ神話とは、今から４０００～３０００年ほど昔にできた古代ギリシャのオリンポスの神々についての物語《ものがたり》で、宇宙《うちゅう》や天候《てんこう》を司《つかさど》る最高神《さいこうしん》ゼウスや、太陽《たいよう》や月、海などを治《おさ》めるたくさんの神々が人間たちと関わる様子《ようす》が描《えが》かれている。そのエピソードの登場人物《とうじょうじんぶつ》が、天に上げられて星にされたと考えられてきた。たとえば牡羊座は、ゼウスが子どものヘルメスに与《あた》えた金色の羊の星座である。』

星座の始まりをまとめている途中《とちゅう》で、ゆうきさんは、自分も星座を名付《なづ》けたことがあったと思い出しました。

「そういえば、小さい頃《ころ》、山に行ったときの星がすごくきれいで、星座を作ってみたっけ。ギリシャ神話とか知らなかったから、丸く点々と並《なら》んでいるからリンゴ座、家のネコの耳みたいだからミー座、目と口みたいだからゆうき座って決めたんだ。」ゆうきさんは懐《なつ》かしく思うと同時に、星座を作った昔の人の気持《きも》ちがわかる気がしました。

『ギリシャ神話のおおもとは、さらに昔のメソポタミア地方にあり、星座を初めて考えたのは平原《へいげん》で羊を飼《か》っていた人たちらしい。夜通し羊の番をしなければならないとき、夜空の星をつないで、人や生き物などいろいろなものに見立てて、神様たちの物語や、世界の姿《すがた》、でき方を想像《そうぞう》したのだろう。このことは、星座の中の生き物が、メソポタミア地方にいる動物《どうぶつ》であったことからそうではないかと考えられている。その後、同じ地域に住んだバビロニア人を経《へ》てギリシャに伝《つた》わり、ギリシャ神話に結《むす》び付けられた。さらにプトレマイオスが、ギリシャの考えをもとに、天球《てんきゅう》の48星座を定《さだ》めて、これが長い間、標準《ひょうじゅん》となった。15世紀《せいき》には人々は南半球に進出《しんしゅつ》し、南半球で見られる星座がたくさん作られた。』

15世紀には、ポルトガルやスペインが交易《こうえき》を求《もと》めて、今まで進出していなかった遠くまで航海《こうかい》して行った「大航海時代」が訪《おとず》れました。ゆうきさんは、大海原《おおうなばら》に乗《の》り出した昔の船乗りたちが、星で方角を調《しら》べながら波《なみ》を越《こ》えていく様子が目に浮《う》かびました。

「北半球と南半球では見える星座が違うんだ。羊飼いや船乗りたちは、一晩中《ひとばんじゅう》、天空というスクリーンに、自分たちが作った物語を、映画《えいが》のように見ていたのではないかな。そういえば、アニメにも星座の名前や神様が出てきたりするけど、どうして12か月の星座が決まったんだろう。理科で勉強《べんきょう》するオリオン座とか白鳥座とかの、有名《ゆうめい》な星座が入っていないのはなんでだろう？」

ゆうきさんは星占いの星座についても調べてみることにしました。

『星占いで名前を使《つか》う星座は、黄道《こうどう》十二星座のことである。黄道とは、地球から見た太陽が、天球上を通る一年の道筋《みちすじ》のことで、今から2000年余《あま》り前に、春分点*を牡羊座として、それを基準《きじゅん》に黄道上の星座を12個《こ》選んで天球の目安《めやす》にした。牡羊座、牡牛座、双子《ふたご》座、かに座、しし座、おとめ座、てんびん座、さそり座、射手《いて》座、山羊《やぎ》座、水瓶《みずがめ》座、魚座で、12か月それぞれの時季に、地球から見て太陽の後ろ側《がわ》にある星座のことを指す。たとえば射手座は、現在《げんざい》では1月**に太陽と同じ方向《ほうこう》にあるので、日が沈《しず》むとすぐに沈むので見えない。その代わり１８０度《ど》反対《はんたい》側にある、双子座が1月の夜空によく見える。』

「ちゃんと天文学で意味《いみ》がある星座が並《なら》んでいたんだ。ぼくの生まれた星座の牡羊座が、２０００年も前からちゃんと役割《やくわり》が決まっていたなんて意外《いがい》だったな。」

ゆうきさんはこれから晴れた夜には、見えている星座が何かを調べて、時間と見えた場所を記録《きろく》してみようと思いました。

＊黄道と赤道が交わる二点の一つ。もう一つは秋分点。２０００年の間に地球の自転軸《じてんじく》の揺《ゆ》れ（歳差《さいさ》運動《うんどう》）で動き、現在の春分点は魚座になっている。

＊＊星占いでは牡羊座を春分点とする、現在の空とは一か月ずれた古い暦《こよみ》を使っているので、射手座は12月の星座とされている。

自然《しぜん》の名画、見つけた！水を張《は》った田んぼが鏡《かがみ》になった？

田植《たう》えがすんだばかりの田んぼは、まだ稲《いね》の苗《なえ》は小さく、たくさんの水をたたえています。りくさんが田植えのお手伝《てつだ》いをした翌朝《よくあさ》、学校の窓《まど》から田んぼを見ると、山や空がとても鮮《あざ》やかに映《うつ》っていました。白い雲が動《うご》いていて、まるでもう一つの世界《せかい》が田んぼの中にあるようです。

「わあ、まるで自然の名画みたいだ。映っているあちらの世界に行けるかな。」

りくさんは思わず声を出すほどに、感動《かんどう》しました。

「今まで気づかなかった。ずっとこんなだったっけ。それとも、急《きゅう》に鏡みたいになったのかな？」

不思議《ふしぎ》に思ったりくさんは、先生に聞きました。先生は、

「りくさん、鏡みたいだと気づいたのは良《よ》い発見《はっけん》です。鏡はガラスでできていますが、田んぼはガラスの代《か》わりに何が景色《けしき》を映していると思いますか？」と尋《たず》ねました。

「あっ、水です。田植えのために田んぼに水を張ったからだ。」

「その通りです。水面《すいめん》は鏡と同じで光をはね返《かえ》します。空や雲といった明るい景色からの光を水がはね返すと、私《わたし》たちの目に入ります。そしてその景色がまるで水の中にあるかのように見えます。光のはね返り方には決《き》まりがあって、壁《かべ》にボールがぶつかってはね返るときのように、水面に立てた垂直《すいちょく》な線に対して、同じ角度になるように進《すす》みます。だから、学校からは田んぼを挟《はさ》んで反対側《はんたいがわ》の山の景色が映るのですよ。」

「鏡と同じなんですね。そういえば、鏡はガラスでできているのに、どうして窓ガラスみたいに外が見えないのですか。」

「ふつう、ガラスは向《む》こうが透《す》けて見えますが、鏡はガラスの裏側《うらがわ》を黒くしてあるの

で、裏側からの光が透けて出てくることはありません。そのため、鏡の前にいる人からの光だけがはね返されて、その人が映って見えます。窓ガラスも夜になると、外が見えにくくなるでしょう。昼間は外が明るいので、外の光が透けてよく見えますが、夜になると外は暗《くら》くなります。透けて入ってくる光がなくなり、部屋《へや》の中の光だけがはね返って、部屋の中の様子《ようす》が鏡のように窓ガラスに映ります。」

「そうか、田んぼは地面が黒いから、明るい空や山のほうがよく映るんですね。」りくさんの気づきに先生は拍手《はくしゅ》してくださいました。

「その通りです。では、なぜこの時期《じき》だけに見えるのでしょう。もう、わかりますね。春先の田んぼはまだ水を張っていないので、地面が見えています。夏になると稲《いね》が茂《しげ》って、あまり水面は見えません。地面にたっぷりと水を張る田植えの前後のわずかな期間だけ、田んぼは世界を映す、広大な鏡になります。水面という自然の鏡が映す美《び》は、実際《じっさい》に目で見るだけではなく、絵画や写真《しゃしん》となって人々を楽しませてくれていますよ。」そう

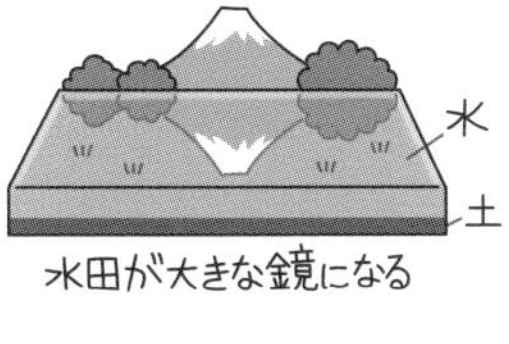

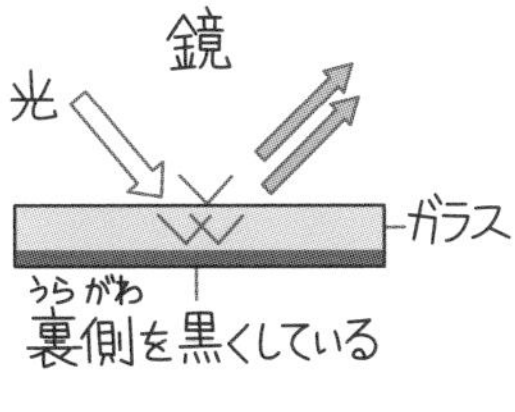

言って、先生は水を張った棚田《たなだ》にいくつも同じ景色が映り込んでいる様子や、湖《みずうみ》に逆《さか》さ富士《ふじ》が映っている写真を見せてくださいました。

来年の生徒《せいと》も、この時期に、りくさんのクラスの窓から水田に映る風景《ふうけい》を見ることができるでしょうか。農業《のうぎょう》と山々の緑《みどり》を守らなければ、この自然の名画は消《き》えてしまいます。ＳＤＧｓ《エスディージーズ》（第《だい》1巻《かん》10ページ参照《さんしょう》）では持続《じぞく》できる社会の発展《はってん》を目指《めざ》しています。作物《さくもつ》を作り、里山を活用して、緑を保《たも》った町が今あるのならば、それを守る方法を考えることもＳＤＧｓの目標《もくひょう》に向けた活動《かつどう》です。たとえば、りくさんが見つけた6月の水面の名画を学校のみんなや、街《まち》の大人《おとな》たちに伝えて、みんなで守ろうという気《き》持《も》ちを作り上げることも一つのアプローチです。皆《みな》さんも、小さな美《うつく》しい風景を見つけたなら、それを大切にする方法《ほうほう》を自分なりに考えてみましょう。

ところで、皆さんのまわりをちょっと、見まわしてみてください。画面が消えているスマートフォン、漆塗《うるしぬ》りのおぼん、銀《ぎん》のスプーン……身《み》のまわりのいろいろなところが鏡のような面になっていて、周囲《しゅうい》を映していませんか。

白雲、黒雲、虹《にじ》色《いろ》の彩雲《さいうん》……透明《とうめい》な水の粒《つぶ》でできた雲がいろいろな色に見えるってどういうこと？

雲は、形はもとより、色も多様《たよう》です。それに気がついたしゅりさんは夏休みの自由《じゆう》研究《けんきゅう》に、毎日の雲を記録《きろく》しようと思いました。

雲には高さや、形によっていろいろな名前が付《つ》いています。スジのような巻雲《けんうん》、ウロコのような巻積雲《けんせきうん》、むくむく羊《ひつじ》のような高積雲、雨を降《ふ》らせる乱層雲《らんそううん》、夕立を降らせる入道雲《にゅうどうぐも》（積乱雲）など、まだまだあります。しゅりさんは見た時間と、自分なりに判断《はんだん》した雲の名前といっしょに、雲の色や形を絵にして書き留《と》めていきました。

「今日の雲は太陽《たいよう》の光で真《ま》っ白に輝《かがや》いていたけど、あんまりうまく絵にできない。横《よこ》にまぶしいくらいの白って書いておこう。それにしても、雲は水の粒なのになんで白く見えるのかな。」

お母さんに聞いてみると、「太陽から降り注《そそ》ぐ光は何色？」と聞かれました。

太陽の光は白く見えます。でも、時々、たとえばガラスの角に当たっているときなどには虹色に見えます。

しゅりさんは「白……？　クリーム色……？　それとも七色？」と自信《じしん》なさそうに答えました。

「大当たり、白であり、七色でもあるの。赤、橙《だいだい》、黄、緑《みどり》、青、藍《あい》、紫《むらさき》の七色の光すべてが混《ま》ざっていっぺんに目に飛《と》び込《こ》んでくると白く見えるのよ。じゃあ、白い服《ふく》が白く見えるのはなぜ？」

お母さんは自分のブラウスを指《ゆび》さしました。しゅりさんは白い服だから白いのは当たり前……と思いましたが、改《あらた》めて考えてみると、明るくないとこんなふうに鮮《あざ》やかな白には見えません。

「光が当たっているから？」

「その通り。太陽の白い光が当たって、服に反射《はんしゃ》して、しゅりの目に入るから白く見えるの。しゅりのノートが緑色に見えるのは、なんでだと思う？」

「緑の光が目に入るからかな。ノートが緑の光を出すの？」

「ノートは自分で光っているわけじゃないわ。真《ま》っ暗《くら》なところに置いたら見えないでしょう。光を出すものは真っ暗な中でも輝《かがや》いているから。ノートには、今、太陽の白い光が当たっているわね。白い光は七色の光でもあったでしょう。」

「あ、緑色の光を反射してるのか。あれ、ほかの色の光はどこへ行っちゃうの？」

「赤や青などの光はノートに吸収《きゅうしゅう》されてしまうの。庭《にわ》の木《こ》の葉《は》が緑色なのも同じよ（第《だい》4巻《かん》の39ページを参照《さんしょう》）。全部《ぜんぶ》の色が吸収されてしまったら、はね返ってくる目に入る光がなくなるわね。まるで、夜のように……。」

「あ、それが黒か。色が見えるって、そういうことなんだ……。」

しゅりさんは色がどうして、その色に見えるのかなど、あまり考えたことがありませんでした。

　雲の色も、服やノートの色も、木々の緑まで、みんな太陽の七色が混ざった白い光をあび、はね返った光だけが目に入って、色が見えているわけです。全部の色が反射されれば白、全部吸収されてしまえば黒になるわけです。しゅりさんが雲の記録に使《つか》う絵の具《ぐ》も、それぞれの色に見えるのは、いらない色を吸収して望《のぞ》む色に見える物質《ぶっしつ》でできているからです。混ぜ方でいろいろな細かい色の違《ちが》いができるのは、吸収する色の分量《ぶんりょう》が変わるからで、全部混ぜると黒くなるのは、全部の色を吸収してしまうからです。

「雲の色もそういうこと？」

　しゅりさんが尋《たず》ねると、お母さんはもう少し詳《くわ》しく話してくれました。

「白い服と同じように、雲が光のすべての色を、私《わたし》たちの目に届《とど》けてくれるから白く見えるのはその通り。白い服とちょっと違うのは、雲の光り方よ。雲は、服のように一枚《まい》の面《めん》ではなくて、細かい水の粒でしょう。太陽からの光の一部は水滴《すいてき》の表面《ひょうめん》で反射するけれど、多くは、散乱《さんらん》という、まわりじゅうに光をまき散《ち》らす、光の伝《つた》わり方をしているの。雲の細かい水滴は、太陽の光のすべての色を、同じような強さで、まわりにまき散らすから白く見えるわけ。」

このような散乱の仕方は、雲を作る水滴や、氷《こおり》の粒、チリのような大きさの粒で起《お》こります。この章《しょう》の初《はじ》め（10ページ）で空が青く見える説明《せつめい》をしましたが、空気の粒が起こす散乱では、主《おも》に青い光がまわりにまき散らされました。この散乱は見つけた人の名前にちなんでレイリー散乱といいます。空気を作る粒が、水滴などに比《くら》べて、とてもとても小さいために起こります。大きい粒の場合はミー散乱といいます。ミーもドイツの人の名前です。ネコの名前ではありません。粒の大きさの違いが、空を青く、雲を白く見せています。

ところで、雲が吸収する光が少ないと散乱される光も弱くなります。台風の雨雲のように分厚《ぶあつ》い雲では、光は上のほうの雲に吸収されて底《そこ》のほうまで届かず、地上から見ると黒雲に見えます。でも、その雲をはるか上空の衛星《えいせい》から写真《しゃしん》に撮《と》ると、平らに広がりうずをまいている雲の表面は、太陽の光に白く明るく輝いています。

しゅりさんは最後《さいご》に虹色の雲のことを聞いてみました。白い光は七色の光が混ざったものならば、何かの理由《りゆう》でそれが別々《べつべつ》に見えるのではないかと思ったのです。

「雲の水滴は、どういうときに太陽の光を七色に分けて見せてくれるの？」（雨上がりの虹は42ページを参照《さんしょう》）

「彩雲のことね。朝日などで雲が虹色に染《そ》まるのは、水の粒のすき間を光が通り抜《ぬ》けるときに進路《しんろ》が曲《ま》がり（回折《かいせつ》という。87ページを参照）それぞれの色がはっきり見える場所《ばしょ》がずれるからなの。やはり、雲を作る水の粒くらい細かい世界《せかい》だから起こることなのよ。それも見ている人にとって太陽と雲が同じ前方にあって、互《たが》いの位置《いち》が特《とく》別《べつ》なところにないと、なかなかうまく虹色には見えないから、『彩雲は吉兆《きっちょう》＊』と言うわ。ちなみに雨上がりの虹は見ている人の後ろのほうに太陽がないと生じないから、彩雲とは違う原理なの。」

しゅりさんはまだ写真でしか見たことのない彩雲をぜひ見てみたいなと思いました。

＊良いことが起こる前触《まえぶ》れ

映画《えいが》、アニメ、絵画、写真《しゃしん》……どんな舞台《ぶたい》にも映《は》える海。水は透明《とうめい》なのに、なぜ海の中は青いの？

はなえさんの問《と》い　透明な水が青く見えるのはなぜ？　空が青いのと同じことなの？

さやきさんの問い　水は透明だから海底《かいてい》が見えるはずなのに、なんで浅《あさ》いところしか見えないの？　汚《よご》れているから？

宇宙《うちゅう》から見る地球《ちきゅう》が青いのは海があるからです。波《なみ》は晴れの日と嵐《あらし》の日では激変《げきへん》し、海は朝と夕方で色あいを変《か》えます。みんなが作る作品《さくひん》の舞台として、海は大人気です。海の青さに心が洗《あら》われ、元気をもらえる人も多いでしょう。

そんな海の正体は地球のくぼみにたまった水です。水ですから透明ですね。

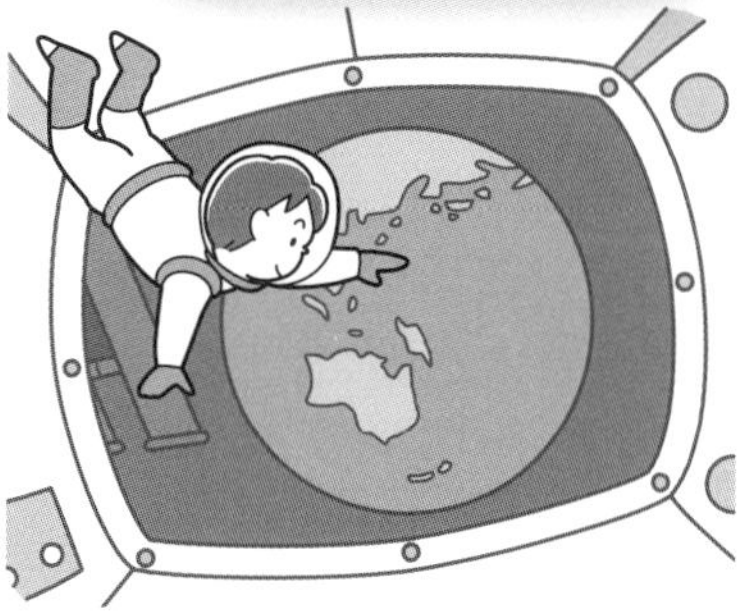

水田に景色《けしき》が鏡《かがみ》のように映っていたように（27ページ）、水は光を反射《はんしゃ》して、周囲《しゅうい》を映します。では、海は青空が映っているから青いのでしょうか。もちろん、空や雲の影《かげ》が映ったり、夕焼《ゆうや》けが映って茜色《あかねいろ》に見えたりすることもあります。でも、水中に深《ふか》く潜《もぐ》っても、水は青く見えます。海の青は空の青の反射だけではありません。

まず、海中が青いのはなぜでしょう。

透明な水なら、光は吸収《きゅうしゅう》されずにどんなに深くまででも進《すす》んでいけそうですが、実はそんなことはありません。

海岸で海の底《そこ》をのぞくと、色とりどりの魚が見えるような水の澄《す》んだきれいな海であっても、沖《おき》に出るともう海底を見ることはできません。一見《いっけん》透明に見えますが、実は水はすべての色の光を通す物質《ぶっしつ》ではないのです。赤い光や赤外線《せきがいせん》、遠《えん》赤外線をよく吸収するのが水の特徴《とくちょう》です。

そのため、海では10メートル潜れば、太陽光《たいようこう》の赤い光は水に吸収されてしまって、海中は青い光だけの世界《せかい》になります。

さらに、２００メートルも潜ればそんな青すらも減《へ》って、すべての色の光がとても弱くなり、人にとっては色のない世界になります。人の目は色を感《かん》じる細胞《さいぼう》と、光の明暗《めいあん》を感じる細胞があり、明暗を感じる細胞のほうが多く、敏感《びんかん》です。そのため、色がなくなっても、まだしばらくは光の有《あ》る無《な》しがわかります。

しかし、５００メートルも潜ると人には太陽からの光はまったく見えません。このくらいの深海《しんかい》では、青、緑《みどり》、黄、赤などに自分で発光《はっこう》する生き物《もの》も多数います。

人の目には見えませんが、それでも、１０００メートルぐらいまではわずかな光が届《とど》いていて、それを利用《りよう》するために大きな目を持《も》つ深海の生物がいます。それより深くなると、光はすべて水に吸収されて届かなくなり、真の闇《やみ》となります。

では、私《わたし》たちが上から海を見たときにも、青く見えるのはなぜでしょう。

私たちが海を見ると、まず、海の表面《ひょうめん》の近くや中の色が透けて見えます。太陽の照《て》り方で色が変わるのも経験《けいけん》があることでしょう。海に入る光と、海から出てきて目に届く光によって、海が何色に見えるかを決《き》めています。

太陽からの光はいったん水中に入り、水中のさまざまな分子やチリで散乱《さんらん》されます。このときに、空が青色に見えるのと同じように、水などの細かい分子に青色がよく散乱されます。さらにほかの大きめの粒《つぶ》で散乱される赤色は周囲《しゅうい》の水分子に吸収されてしまって、水中から出てきにくくなります。これが海が青く見える理由《りゆう》の一つです。

また、太陽の光は七色の光からできていましたが、すべての色が完全《かんぜん》に均等《きんとう》にあるかというと、実は少し偏《かたよ》りがあります。どちらかというと、太陽の光には、赤っぽい色より、青色の仲間の光のほうが多く含《ふく》まれています。差《さ》し込《こ》む太陽の光が、もともと青系統《けいとう》が多めなのもその理由です。

海が荒《あ》れて海中に砂《すな》が舞《ま》い上がったり、公害《こうがい》で汚《よご》れたりすると、もう青く見えません。水中に水以外の大きな粒が多くなると、それぞれの粒の色がじゃまをして青色がかき消《け》されてしまいます。

地球は水と大気に満《み》たされ、そのどちらもが、たまたま、青い光を私たちの目に届けてくれる存在《そんざい》です。そのため、青い空、青い海に囲《かこ》まれたこの世界《せかい》で、私たちはそれが当たり前だと思って生きています。しかし、もし空も海も、ほんの少し違《ちが》うものでできていたら、世界は大きく違っていたのかもしれません。

はなえさんの答え　水分子が青い色の光を散乱するから海は青く見える。水分子は赤色を吸収しやすいから光の届く海中は青く見える。太陽の光の七色は青系統が少し多めなのもその理由の一つ。

さやきさんの答え　水は汚れていなくて透明に見えても、海底が深すぎると途《と》中《ちゅう》で光が吸収されてしまって、海底まで光が届かない。

雨上がりの虹《にじ》は偶然《ぐうぜん》が生み出す空の芸術《げいじゅつ》。虹の色の並《なら》ぶ順番《じゅんばん》はどうして変わらないの？

「わあ、きれいな虹。」思わず歓声《かんせい》をあげたのはマリアさんです。

校庭《こうてい》から見えるまっすぐに延《の》びた線路《せんろ》をまたぐように、大きな虹がかかっています。さっきまで降《ふ》っていた雨が上がり、ちょうど差《さ》してきた日差しに枝先《えださき》の水滴《すいてき》がキラキラ光っています。

「虹に向《む》かって立ってごらん。太陽《たいよう》はどちら側《がわ》にあるかい？」

そう聞いたのは理科の先生です。友達《ともだち》といっしょにマリアさんは虹に向かって立ちました。

「頭の後ろです。」

「え、もしかして、必《かなら》ずそうなるの？」

「水まきをしているときに、虹が見えたことがあるけど、あのときはどうだったっけ。」

「後ろです！　虹のほうに太陽はないよ。そっちに太陽があったらまぶしくて薄《うす》い色の虹は見えていない気がする。」

　みんながワイワイ意見《いけん》を言いました。

「よく気がついた。こんなふうに細かい水滴によって虹ができるときは、太陽は必ず後ろにあるんだよ。」

「なぜですか。水滴で反射《はんしゃ》するのかなあ。はね返《かえ》るなら、光を出す太陽が後ろにあるはずだから。」

　マリアさんの考えに先生は「半分正解《せいかい》」と言いました。

「太陽の光は、向こうの空にある無数《むすう》の水滴に当たると、その一部《いちぶ》は水滴の表面《ひょうめん》ではね返るけれど、これは虹には関係《かんけい》ないんだ。はね返らなかった光は水滴の中に入っていく、そのときにちょっと向きが曲《ま》がる。そして、水滴の奥《おく》にぶつかって、そのまま水滴の外に出ていく光と、はね返って戻《もど》る光に分かれる。虹になるのは水滴の奥ではね返る光で、水滴から出てくるときにまた曲がり、そこからまっすぐ進《すす》んでみんなの目に入ってくる。」

「虹は表面で反射した光ではなくて、水滴の中で反射した光ってことですね。それだとどうして七色になるのかしら。」

「水滴に出入りするときのショックで、バラバラになっちゃうとか。」

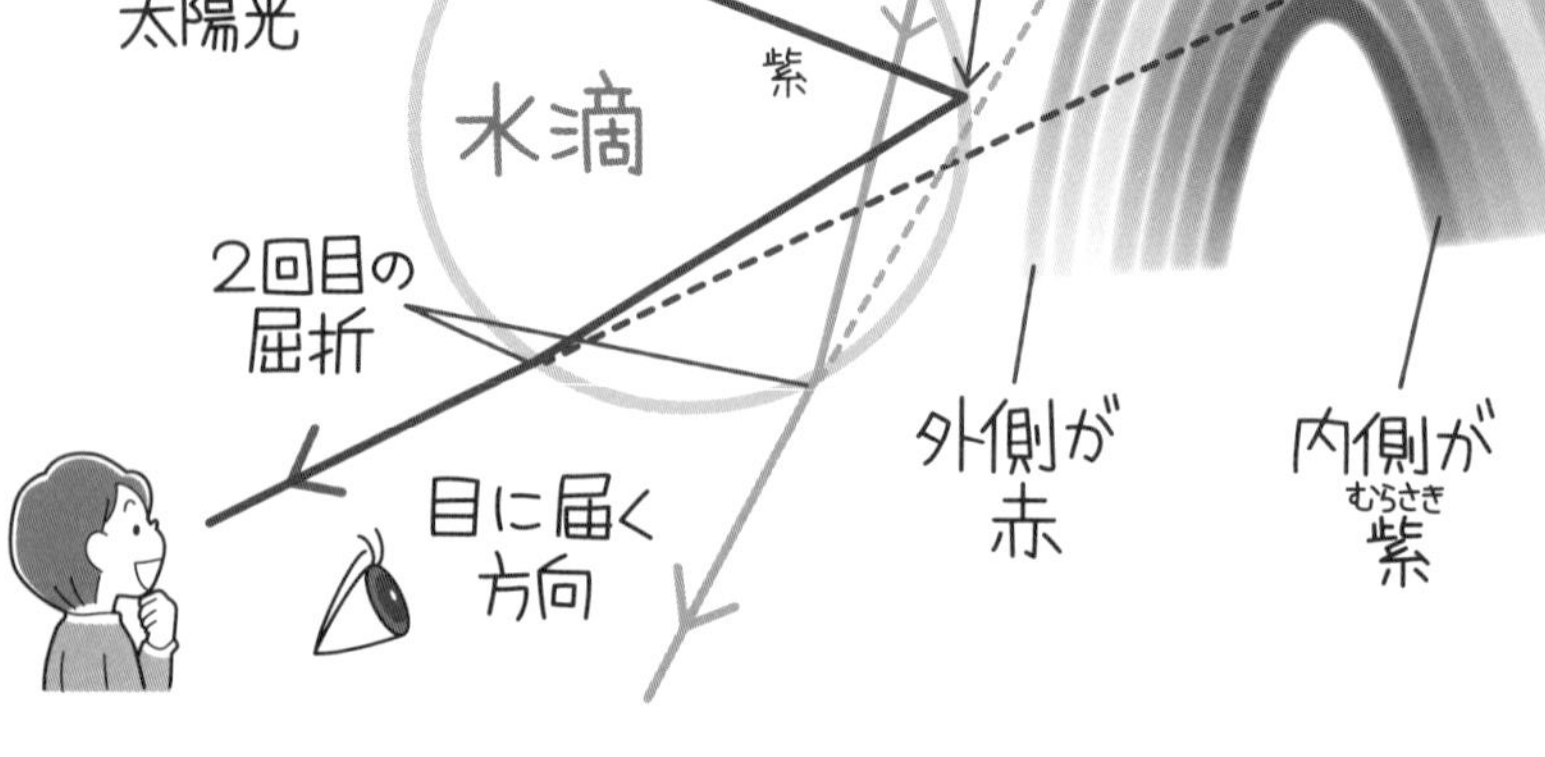

友達の考えに、なるほどと思いかけたマリアさんでしたが、ちょっと首をかしげました。

「どんなときも色の順番が決《き》まっているから、単純《たんじゅん》にバラバラに壊《こわ》れるわけではないと思うな。ああ、そうか、だったら、水滴の出入りで曲がるときに決まりがあるとか。」

マリアさんの考えに、先生は大きくうなずいて言いました。

「その通りだ。少し難《むずか》しいが説明《せつめい》してみよう。」

太陽の光が水滴の中に出入りするときに、空気と水のさかい目で曲がることを屈折《くっせつ》といいます。光は色によって曲がる角度《かくど》が、赤から順に少しずつ大きくなるので、色ごとに映《うつ》る場所《ばしょ》がずれますが、並ぶ順番は変わりません。必ず同じ順に並び「赤、橙《だいだい》、黄、緑《みどり》、青、藍《あい》、紫《むらさき》（あるいはまったく逆《ぎゃく》）」になります。

光はよく波《なみ》にたとえられます。水にできた波が、遠くまで伝《つた》わっていくように、光も真空《しんくう》の宇宙《うちゅう》から、空気のある地球《ちきゅう》まで、空間の中を揺《ゆ》れながら、まっすぐ進んでいきます。色の違《ちが》いが、光の波の揺れ方の違いです。紫は細かく揺れ、青、緑、黄色、赤の順に、ゆったり揺れます。波は屈折するときに、細かい揺れのほう、光で言えば紫の側《がわ》が、さかい目の影響《えいきょう》を大きく受《う》けて大きく曲がります。

太陽は空高くにあり、水滴の斜《なな》め上から光が差すので、光が水滴に入るときに紫が赤より大きく曲がると、水滴の奥では紫が下、赤が上と異《こと》なる場所で反射することになります。反射した光は水滴を出るときに紫は下、赤は少し上にぶつかり、もう一度《いちど》曲がります。その結果《けっか》、地上で見ている私《わたし》たちの目には紫は下のほう、つまり虹の半円のいちばん内側として飛《と》び込《こ》みます。虹の外側に向かって藍、青、緑、黄、橙の順になり、赤は曲がり方がゆるやかなのでいちばん外側です。

「虹がいつでも見えるわけではないのは、空に細かい水の粒があっても、太陽と水滴と見ている人の位置がぴったり光の進路《しんろ》に当てはまらないと起《お》こらない現象《げんしょう》だからだ。」

「今日見えているのもすごい偶然《ぐうぜん》、運《うん》がいいってことですね。そうだ、虹って七色だと思っていたけれど、三色の国があるって本当ですか？」

お友達の質問《しつもん》に先生は「あれは何色と言えるかな？」と緑とも青とも言えそうな校《こう》庭《てい》のテントを指《ゆび》さしました。

緑と答える人と、青と答える人がいます。マリアさんは青かな……と思いました。

「難《むずか》しいだろう。色の名前はさかい目があいまいなんだ。人の目が光を捉《とら》え、脳《のう》で処《しょ》理《り》して色と感《かん》じているのだから、人によって少し違《ちが》ったりもする。習慣《しゅうかん》として、その色をなんと呼《よ》ぶかが、民族《みんぞく》や国によって違うこともある。同じ色と考えるか、別の色として名前が付《つ》いているかもまちまちだ。人の目はふつうの条件《じょうけん》で２００万色近く見分けられると考えられている。が、ちゃんと名前がある色は国によって違うが数千色といったところのようだ。それでもパッと見ただけで何色と言える色は、もっとずっと少ないだろうね。虹が七色というのは、プリズムで太陽の光が分けられることを知ったニュートンが、音階《おんかい》*をイメージして七色としたのが始まりといわれている。」

「ニュートンですか。知ってます。リンゴが落《お》ちたのを見て、万有引力《ばんゆういんりょく》を発見《はっけん》した科《か》学者《がくしゃ》です。」

「そうそう、よく知っているね。そのニュートンが七色の元祖《がんそ》のようだ。でも二色とする民族もある。アジアでは五行思想《ごぎょうしそう》**から五色、西欧《せいおう》では三位一体《さんみいったい》***から三色が基本《きほん》にあるそうだよ。もっとも、今はイラストなどを見ると、多くの国でちゃんと七色に描《えが》かれているね。」

*音階はド、レ、ミ、ファ、ソ、ラ、シの七音が基本になっている。
**すべての物《もの》は木火土金水の五種類《しゅるい》の元素《げんそ》からなるという古代《こだい》中国の思想。
***神《かみ》である父と、子であるキリストと、精霊《せいれい》は一体であるとするキリスト教の教え。

コラム

二重《にじゅう》の虹が出ることがあります。このとき、濃《こ》い方の主《しゅ》になる虹はふつうの虹と同じで紫が内側、赤が外側に並びます。しかし、薄《うす》いほうのおまけの虹は赤が内側、外側が紫になって、ふつうの虹の逆になっています。薄《うす》いほうの虹は、水滴の下側から中に入った光が、水滴の中で二回反射して外に出てきたもので、並びが途中《とちゅう》で反転《はんてん》して、主の虹とは対称的《たいしょうてき》な順番になっています。

芸術《げいじゅつ》を楽しむ方法《ほうほう》は「見る」こと。なぜ多くの生き物《もの》には目があるの？「見える」ってどういうこと？

えりかさんの問《と》い　ほとんどの動物《どうぶつ》には目があるけれど、なぜ、目を持《も》っているの？

きょうへいさんの問い　目がない生き物はものが見えないの？

生き物は生きる活動をするときに、自分のまわりがどのようになっているかを知る必要《ひつよう》があります。それを知るための体のつくりとして、地球《ちきゅう》には太陽《たいよう》から光が十分に降《ふ》り注《そそ》いでいたので、それを利用《りよう》する器官《きかん》が進化《しんか》をとげました。それが「目」です。ものを「見る」というのは、目で光を受《う》け取《と》って、脳《のう》でその光がどのようにやってきたかを色や形にして理解《りかい》することです。そのために、「目」のない生き物はものを

「見る」ことはできません。

同じ「目」ですが、人間と犬は見える世界《せかい》が違《ちが》うといわれています。「目」が受け止めることのできる光の種類《しゅるい》が違い、脳の理解の仕方《しかた》が違うからです。

見え方の違いはあれ、さまざまな色を区別《くべつ》することができる「目」の発達《はったつ》により、地球上の生き物はとてもたくさんの種類に進化《しんか》したという考え方があります。

まず、光の「有《あ》る」「無《な》し」を捉《とら》えるだけであれば、ミミズにも可能《かのう》です。

しかし、それは「目」で「見る」こととは違います。光に照らされた世界では、光が当たったものは、一部《いちぶ》の色の光だけを吸収《きゅうしゅう》し、残《のこ》りを反射《はんしゃ》しています。その反射した光の色の違いを受け止めて、物の形や色を判別《はんべつ》するのが「目」です。明るいか暗《くら》いかが区別できるだけではなく、丸いか四角いか、赤いか青いかといった、細かい違いを像《ぞう》として頭の中に描《えが》くことができるのが「見える」ということです。

目という器官が発達したおかげで、花も鳥も、蝶《ちょう》も魚も、さまざまな色を身《み》にまとい、生存競争《せいぞんきょうそう》に勝《か》ち抜《ぬ》こうとし始《はじ》めたと考えられているのです。

もちろん「見る」ばかりがもののあり方を理解する方法《ほうほう》ではありません。ですから、光がない世界では、また別のものを利用して、世界を捉《とら》えられるように生き物は進化しました。

たとえば、光がまったく届《とど》かない海の底《そこ》や、洞窟《どうくつ》の中では、光を利用した「見る」という方法は使《つか》えませんから、目を持たない生き物が多くいます。目がなくとも、触《ふ》れることで周囲《しゅうい》のものの形や動《うご》きを感《かん》じて活動しているようです。

また、コウモリのように光に頼《たよ》らず飛《と》ぶものもいます。私《わたし》たちが自分の目の前に壁《かべ》があるとき、眼《め》を閉《と》じても手を伸《の》ばせば指《ゆび》が触れて壁があることがわかります。手が届かないときはどうすればわかるでしょうか。いろいろな方法が考えられますが、ボールを投《な》げてみると、壁にぶつかってはね返《かえ》ってきて、壁があるとわかります。コウモリはボールの代《か》わりに超音波《ちょうおんぱ》という高い音を発して、自分にはね返ってくるのを受け止め、周囲の様子《ようす》を捉えています。私たちも洞窟に入ると声や靴音《くつおと》の反響《はんきょう》で、その広さがなんとなくわかります。コウモリはそれをもっと正確《せいかく》に行っているのです。

ほかにも、電気ウナギのように目が小さく退化《たいか》したものもいます。電気は光を発するために作るのではありません。電気の影響《えいきょう》がおよぶ空間を自分の周囲に作って、まわりの様子を探《さぐ》るための体の仕組《しく》みです。

えりかさんの答え　生き物は生きる活動をするときに、自分のまわりがどのようになっているのかを知る必要がある。地球上には太陽から光が十分に降り注いでいたので、目で光を受け取って、脳でその光がどのようにやってきたのかを色や形にして理解している。

きょうへいさんの答え　目を持たない動物は見えない。ほかの方法で世界を知っている。

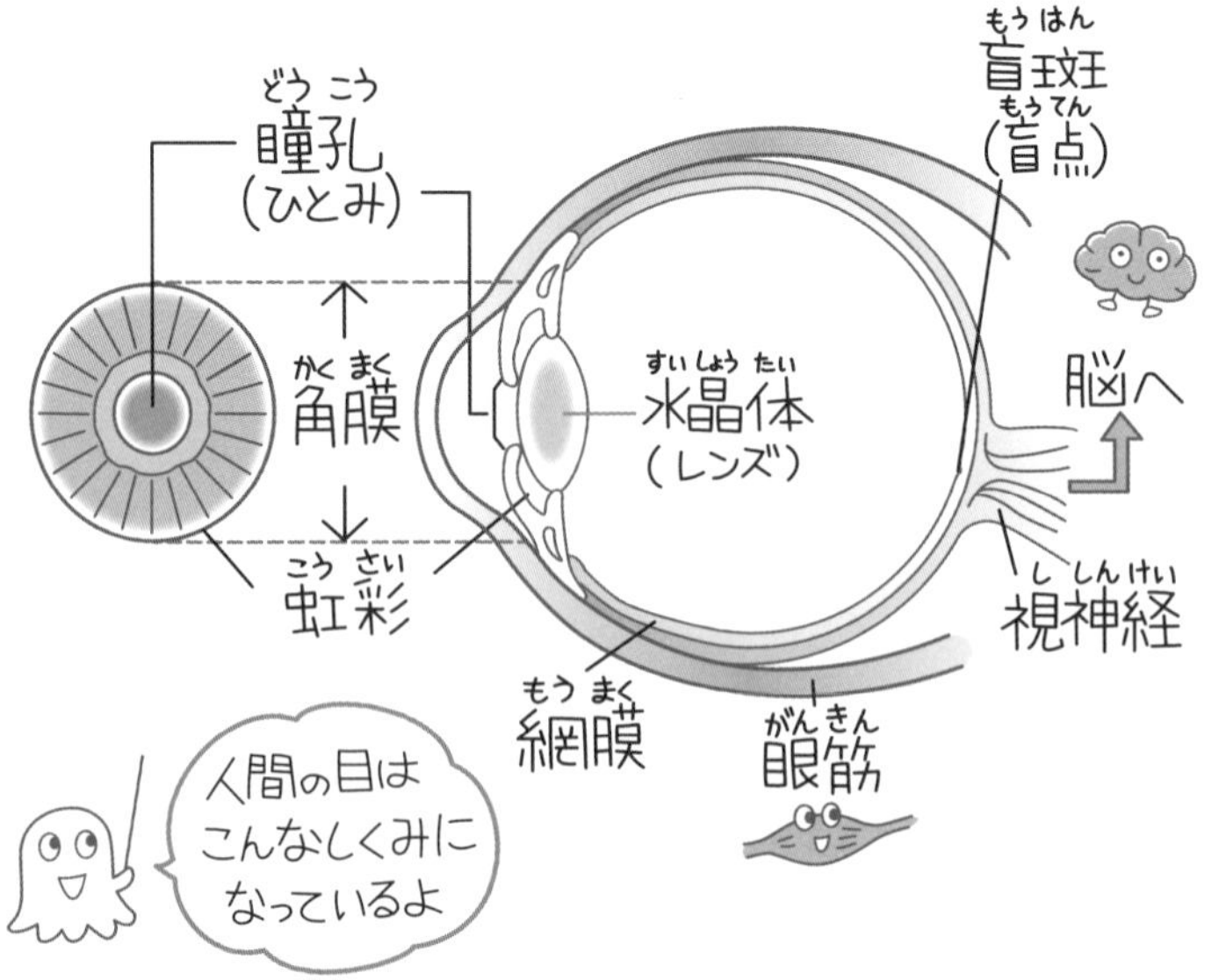

2

音の不《ふ》思《し》議《ぎ》

秋の虫たちの合唱《がっしょう》は見事《みごと》。コオロギは仲間《なかま》の声が聞こえて鳴いているの？

秋です。公園のそばに住《す》んでいるかおるさんは、最近《さいきん》、夜になると窓《まど》を開《あ》けて、美《うつく》しい虫の音色《ねいろ》に耳を傾《かたむ》けます。さっきテレビで不思議《ふしぎ》な話題《わだい》を聞きました。

「虫の声は日本人の耳には美しく聞こえるけど、世界《せかい》には雑音《ざつおん》にしか聞こえない人もいるらしいけれど本当かな。髪《かみ》や目の色が違《ちが》うみたいに、音を聴《き》く耳の構造《こうぞう》が違うのかな。それとも、言葉《ことば》が違うみたいに、耳から伝《つた》わる情報《じょうほう》を音だって感《かん》じる頭の働《はたら》き方が違うのかな。」

自分で予想《よそう》してみたかおるさんはいろいろおもしろいエピソードが書いてある虫の

図鑑《ずかん》を調《しら》べてみました。そこには、このように書いてありました。

『虫が出す音は空気の振動《しんどう》として、人の耳に届《とど》きます。耳は鼓膜《こまく》でその振動を感じ「音」を「聞き」ます。そこまでは、どこの国の人も同じです。虫の声が美しい合唱のように聞こえるか、雑音として聞こえるかは、「聞く」音の種類《しゅるい》によって、脳《のう》の理《り》解《かい》の仕方《しかた》が違うからです。日本人は虫の声を「言葉の仲間」として左脳で受《う》け止めます。母国語の特徴《とくちょう》が日本人に近いポリネシアの人もそうです。ですが、ほかの言語で育《そだ》った人は、虫の声のような音は「無意味《むいみ》な音」として、右脳で受け止め、虫が鳴いていても雑音としてほとんど意識《いしき》することはありません。』

「脳の働き方の違いなのね。おもしろいなぁ。少し違うかもしれないけど、鳥がいっぱい鳴いているのを聞くと、すごく響《ひび》くうるさい音としか思っていなくても、ふと、一羽の声が言葉みたいに聞こえちゃうと、それからはもう、鳥たちが合唱しているようにしか聞こえなくなるときがあるな。急《きゅう》に鳥の歌声に気がついちゃったみたいな感じ。そんなときは脳の受け止め方が変《か》わったのかもしれない。」

かおるさんは自分なりに経験《けいけん》したことを思い出して、当てはめてみました。それと同時に虫は虫同士《どうし》で互《たが》いの音を聞いているのか疑問《ぎもん》に思いました。

「そもそもコオロギはあの小さい体で、どうやって人の声よりも響く大きな音を出して、それをどこで聴くんだろう。人が声を出すときののどがふるえるみたいに、何かをふるわせて音を出すんだと思うのだけれど。羽《はね》かなぁ……。」

そこで、今度《こんど》は図鑑でコオロギについて調べてみました。

『コオロギが「鳴く」といいますが、人間や小鳥のようにのどの声帯《せいたい》をふるわせて声を出しているわけではありません。ものがこすれ合うと音が出ますが、虫たちの多くも『摩擦《まさつ》』を利用《りよう》して音を出しています。

多くの昆虫《こんちゅう》は4枚《まい》の翅《はね》を持《も》っていて、その前側《まえがわ》の対《つい》を前翅《ぜんし》と呼《よ》びます。コオロギは右の前翅にヤスリのようなぎざぎざ、左の前翅には少し厚《あつ》めのこする部分《ぶぶん》を持っていて、両方《りょうほう》をこすり合わせて音を出し、体のあちこちの部分で音を大きく響かせています。ちなみにセミは摩擦ではなく、あなたがお腹《なか》に力を入れるとお腹の皮《かわ》が動《うご》くように、筋肉《きんにく》で膜《まく》をふるわせて音を出します。昆虫でも鳴き方はいろいろです。』

「当たった、ヤッパリ羽だ。昆虫の羽は『翅』って書くのね。翅がいちばん細かく動かしやすそうだもの。でも、単《たん》にふるわせるだけじゃなくて、バイオリンみたいにこすって音を出しているのか。コオロギさん、お友達の音色はどこで聞くんですか？耳はどこにあるんですか？」

かおるさんは考えが合っているので楽しくなってきました。

『コオロギはオスだけが鳴き、メスとのコミュニケーションをとっているので、相手《あいて》の出す音は聞こえています。といっても、コオロギには耳はありません。「聞く」というのは、音である空気の振動が鼓膜《こまく》をふるわせて、ふるえたことが脳に伝わって、「こういった音がある」と脳が理解することです。コオロギには、耳の代《か》わりに足の側面に鼓膜があって、そこがふるえることで相手の音を「聞いて」います。耳つきの足を持っているといってもいいですね。ゴキブリのように足の毛で音を聞く昆虫もいます。』

「なるほど、耳の形をしていなくても空気が伝える振動を受け止められれば、耳っていってもいいかもしれないな。足で聞くとか、おもしろい。」

図鑑にはさらにこんなふうにも書いてありました。

『このように、何かがふるえて音が出て、その振動が空気を伝わって、相手の鼓膜に受け止められて、脳で聞こえたと理解するという、4つの段階《だんかい》のどこかの違いで、私《わたし》たちが「聞いている」と感じているものは変わってきます。コオロギの鳴き声も、あなたが聞いている通りにコオロギの仲間が聞いているかどうかは、まだ誰《だれ》にもわかりません。』

「そうか、聞こえていても、どう聞こえているかは脳の働きによるんだものね。人もこんなところにも違いがあるかもしれないって、覚《おぼ》えておこう。自分以外《いがい》の感じ方があるってわかることも、『多様性《たようせい》』を認《みと》めるってことになるはず。」

虫の声を聞きながら、かおるさんはＳＤＧｓ《エスディージーズ》を実現《じつげん》するために大切な考え方の一つを身《み》につけました。

問い スズムシもコオロギの仲間で、同じ目的《もくてき》と仕組みで鳴く。鳴いているスズムシはオスかメスか？

答え オス。コオロギの仲間は音を出せるのはオスで、メスを呼びよせている。

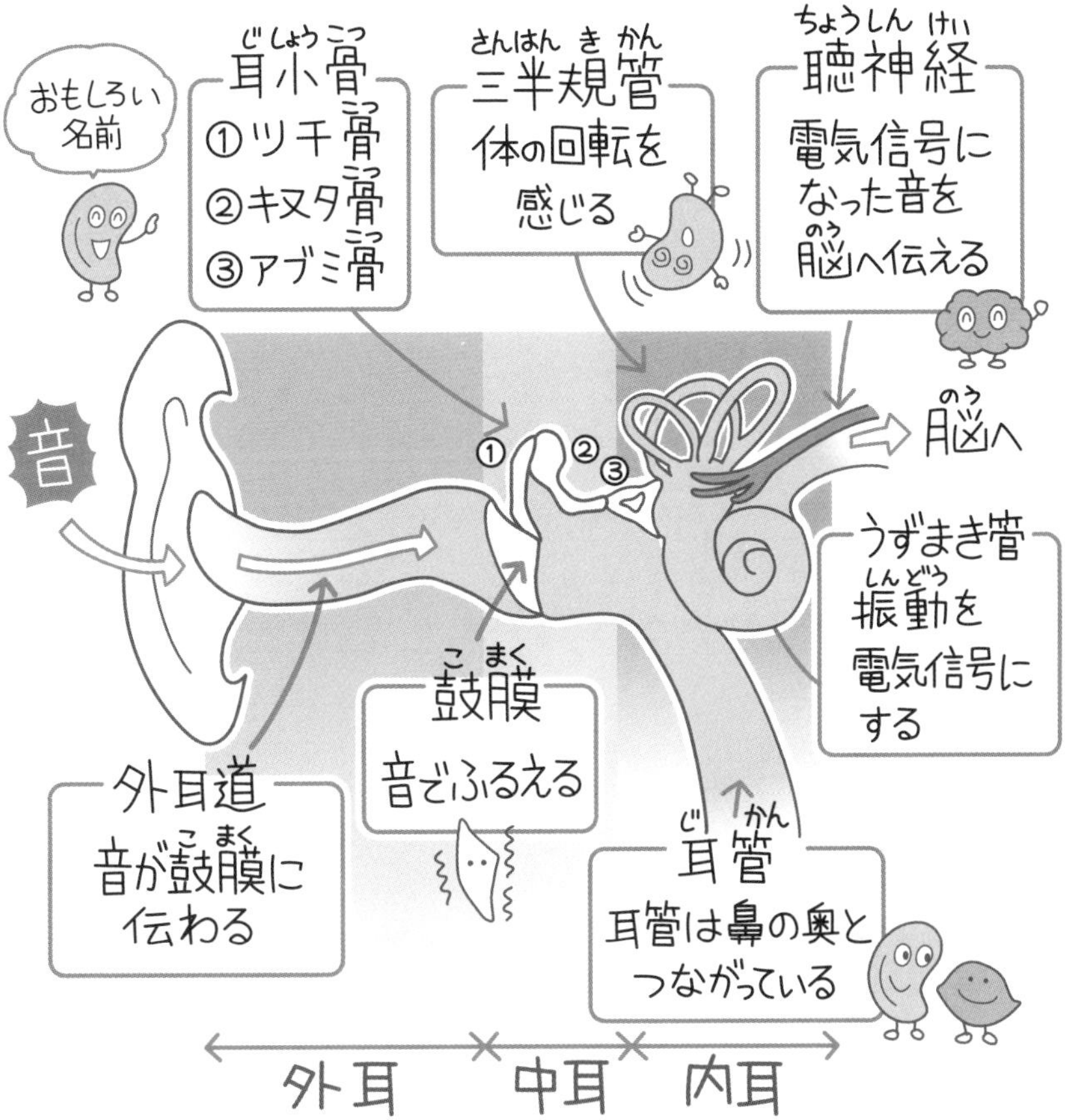

楽器《がっき》にはいろいろな形がある。笛《ふえ》にはどうして穴《あな》がたくさんあるの？

りゅうさんは音楽が好《す》きです。年上のいとこのまゆお姉さんはフルートという笛を吹《ふ》きます。オーケストラで演奏《えんそう》することもあるそうで、かっこいいなと思っています。

今、りゅうさんは学校の音楽会のためにリコーダーを練習中《れんしゅうちゅう》です。

「まゆお姉さんのフルートも、笛の仲間《なかま》だから穴がいくつもあった。体育の先生がピーッと吹く笛は穴が1個《こ》だけど、どうして楽器の笛はたくさん穴があるのかな。」

りゅうさんは自分のリコーダーの穴を指《ゆび》で押《お》さえながら吹いてみて、あることに気がつきました。

「体育の笛は同じ高さの音しか出せないけれど、リコーダーは押さえる穴を変《か》えると音の高さが変わる。楽器だから、いろんな高さの音が必要《ひつよう》だ。だから穴がいっぱいあるのか。あれ、でも、なんで押さえる穴が違《ちが》うと音が変わるんだ？」

気になったりゅうさんは、次《つぎ》の日曜日にまゆお姉さんの家に質問《しつもん》に行きました。まゆお姉さんはフルートの練習を終《お》えてから、りゅうさんをさそって音遊《おとあそ》びをしてくれました。質問の答えはこの遊びの中にあるというのです。

「そうね、まず、音を出しやすい首の細長いビンに息《いき》を吹き込んでみよう。うまい角《かく》度《ど》で吹き込むと、ぼーっと低《ひく》い音が響《ひび》くわ。」

「ううん……、難《むずか》しい。」がんばってやっと音が出たりゅうさん。息を吹き込む角度といきおいにコツがいりました。

「このビンは底《そこ》がふさがっているので、笛とは少し違うけれど、ビンの中の長い空気の柱《はしら》がふるえて音が出るのは同じよ。いろいろな角度や強さで息を吹き込んでみても、音の高さは変わらないよね。じゃあ、次に、ラップシートの芯《しん》の筒《つつ》で、音を出してみよう。これはもっと難しいよ。」

「あ、出た。」ビンでコツをつかんだりゅうさんは、すぐ、ぶーっという、間《ま》の抜《ぬ》けた音が作れました。

「これも、息の吹き込み方をいろいろ変えても、一つの高さの音しか出せない。じゃあ、今度は、ストローの先に切り込みを入れ、ふるえるヒラヒラした部分《ぶぶん》を作って、音が出やすくしてみるよ。こういうのを『リード』といって、クラリネットなどの管楽器《かんがっき》にもこれに似《に》たものがついているの。リードをくわえて吹くと鋭《するど》い音が出るストロー笛になるわ。少し練習すると、うまく吹けるようになるよ。」

　りゅうさんは、長いままのストロー笛で音が出ることを確《たし》かめました。すると、まゆお姉さんは、はさみでストローを少し切って短《みじか》くしました。

ストロー笛のつくり方

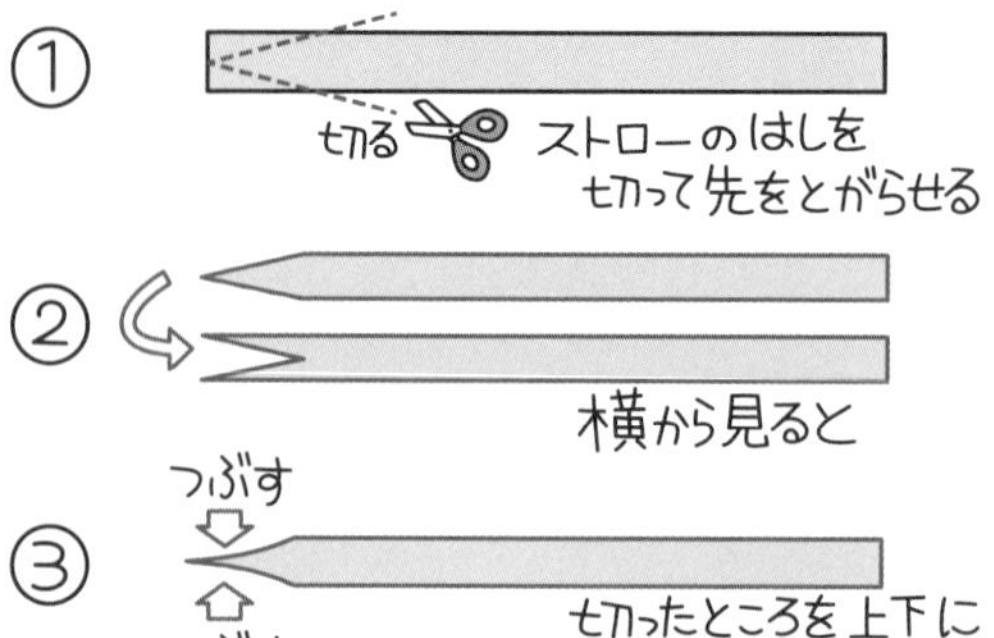

「りゅうくん、鳴らしてみてね。」

「あれ、音が変わった。」

まゆお姉さんがまた切って、りゅうさんが吹いてみると、短くするたびに出る音が高くなります。

「わかった、ストローの長さが変わると音の高さが変わるんだ。」

「ストローが短くなると、ふるえる空気の柱も短くなり、音が高くなるの。さっきのビンや紙の筒は、長さを変えなかったから、同じ高さの音しか出なかったというわけ。」

管楽器は、管《くだ》の長さを変えることで空気の柱の長さを変え、音の高さを変えます。りゅうさんの実験《じっけん》のストロー笛のように、切り捨《す》ててしまっては、長いストローには戻《もど》せません。ですから、空気の柱の長さを変えられるように工《く》

夫《ふう》がしてあります。

リコーダーやフルート、クラリネットなどは、管に穴を空けておいて、それを指でふさぐことで空気の柱の長さを変えています。穴が空いていれば、そこから空気がもれてしまうので、穴の手前までの管の長さが空気の柱の長さになります。その先に管が残《のこ》っていてもまとまった空気の柱にはなれません。つまり、たくさん指で穴をふさげば長い空気の柱になって低い音が出て、指を開《ひら》くと短い空気の柱になって音を高くすることができるわけです。

「音というのは空気の振動《しんどう》なんでしょう。たとえば、大太鼓《おおだいこ》をどーんとたたくと、太鼓の皮《かわ》がふるえて、まわりの空気を振動させるんだよね。その空気の振動が耳まで届《とど》いて、耳の奥《おく》の「鼓膜《こまく》」を振動させると、『太鼓の音が聞こえた』ということになるって習《なら》ったよ。笛は吐《は》き出す息が空気を振動させるのかな。」

「そう。息が太鼓をたたくバチに当たる。太鼓の皮に当たるのがリードや唇《くちびる》ね。空気の柱は長さに応《おう》じて振動の仕方が違って、柱が短ければ細かく速《はや》く振動するし、長ければゆっくり振動する。音は波《なみ》の一種《いっしゅ》だから、速く振動すると振動数が大きい高い音、ゆっくり振動すると振動数が小さい低い音になる。あ、振動数は周波数《しゅうはすう》と同じ意味よ。」

「周波数って知っている。お兄ちゃんがチューニング用の音叉《おんさ》のラの音は４４０ヘルツ（Hz）（ヘルツについては93ページ参照《さんしょう》）って言っていたよ。」

「りゅうくんは難しいことを知っているのね。音叉は形が変わらない金属《きんぞく》の棒《ぼう》だから、振動数が決まっていて、必《かなら》ず一つの高さの音が出るからチューニングに使《つか》うよ。」

りゅうさんは音の高さを変える笛の穴の工夫《くふう》とはまったく違って、音叉は必ず一定《いってい》の音が出る工夫なのだなと思いました。

問い　オカリナも笛の一種かな？

答え　そうです。中の空洞《くうどう》に息を吹き込み、穴を押さえて音を変えます。

水の中にいる選手《せんしゅ》は水中で音を聞いているの？魚も音が聞こえるの？

まつりさんの問《と》い　アーティスティックスイミングでは水中で音が聞こえなければ、演技《えんぎ》ができないはずだから、ふつうに聞こえていると思う。

ときさんの問い　魚も大きな音がすると逃《に》げるから、聞こえているのではないかな。

昆虫《こんちゅう》も楽器《がっき》の笛《ふえ》も、音を出すものが振動《しんどう》して、その振動が空気に伝《つた》わって空気を振動させ、空気中を振動が伝わって耳に届《とど》きます。そうだとしたら、水が振動を伝えられれば、音は伝わるはずです。池に石が落《お》ちる様子《ようす》を思い浮《う》かべてみましょう。太鼓《たいこ》の表面《ひょうめん》をバチでたたいたときのように、水面が押《お》されて振動し始《はじ》めます。波紋《はもん》は水の

表面を広がりますが、同時に、石が落ちた場所《ばしょ》から水中にもその衝撃《しょうげき》は広がります。つまり、水の中でもちゃんと音は聞こえます。その証拠《しょうこ》に、プールに潜《もぐ》ると、水の中はガポゴポボワーンと、不思議《ふしぎ》な音に満《み》ちていませんか。まあ、そうでなければ、アーティスティックスイミングの選手《せんしゅ》は、ほとんど水の中にいるのですから、音楽が聞こえないと演技ができません。

実《じつ》は、音は伝えるものの振動《しんどう》で伝わっていくので、空気のような気体よりも水のような液体《えきたい》、液体よりも鉄《てつ》のような固体《こたい》のほうが速《はや》く伝わります。固体はかたくて振動など伝わらないような気がしますが、その逆《ぎゃく》で、固体を作っている粒同士《つぶどうし》がすぐ近くでぴったりくっついているために、振動は次々《つぎつぎ》に速く伝わります。少し難《むずか》しい言い方をすると、分子間の距離《きょり》が近いほど振動のエネルギーを早く受《う》け渡《わた》せるのです。机《つくえ》に耳をつけて、下からたたくと、音と同時に振動を感じることができます。

おおざっぱに言って、空気中では音は秒速《びょうそく》３４０メートルくらいの速さですが、液体の中では秒速1キロメートル台にはね上がります。金属《きんぞく》は種類《しゅるい》によって違《ちが》いますが、さらにその2～4倍《ばい》くらいになります。

水中では振動を伝える物は空気ではなく水になり、例《れい》のボワーンとした音になります。

また、空気と水では水のほうが音速は速いために、空気中から水中に音が入るとき、斜《なな》めに来ると水面でほぼ全部《ぜんぶ》が反射《はんしゃ》されてしまいます。斜めからの音は水中に入れず、ほぼ真上《まうえ》からの音しか水中に入れないのです。人ごみのプールでも水中に潜ると、プールサイドの人々のにぎやかな声はほとんど聞こえません。

そんなこともあって、アーティスティックスイミングでは水中にスピーカーやマイクがあって音楽を流しています。外のスピーカーから流れる音楽は観客《かんきゃく》のためのものです。しかし、水中と空気中では伝わる速さの違《ちが》いで音にずれが生《しょう》じます。

また、人は左右の耳で音をとらえるときの時差《じさ》で、音源《おんげん》の方向《ほうこう》を判断《はんだん》しています。しかし水中は音速が速く、時差が少なくなる分、なれた空気中ほど音源の方向を聞き分けることができません。そのため、位置や方向の判断に、音楽を使《つか》うことはないようです。また、演技者《えんぎしゃ》の一人が空気中にいて、ほかの人が水中にいるときは、音速の違いによるわずかなテンポのずれがおこりかねません。それを避《さ》けるためにもあまり音に頼《たよ》ることはしないようです。

水中の音の伝達《でんたつ》といえば、むしろ実用的《じつようてき》な感知《かんち》システムが活躍《かつやく》しています。漁《りょう》の魚《ぎょ》群探知機《ぐんたんちき》や地形調査《ちょうさ》のソナーは、水が音の一種である超音波《ちょうおんぱ》を伝えることを活かした測定器機《そくていきき》です。

では、魚の話に移《うつ》りましょう。魚は外見では人の耳にあたるものはわかりませんが、頭の中には、音を感じとる耳の働《はたら》きをする内耳《ないじ》があります。また、魚は音を浮袋《うきぶくろ》に響《ひび》かせたり、体の両脇《りょうわき》の真《ま》ん中あたりに一直線についている点々の側線《そくせん》という器官《きかん》で感じたりもできます。つまり、魚は体のあちこちで、水中の振動をとらえているのです。感知可能《かのう》な振動数は魚の種類によって大きく違いますが、一般《いっぱん》に、人間よりも狭《せま》い範《はん》囲《い》しか聞こえていないようです。

さらに魚はこの側線で水の圧力《あつりょく》の変化《へんか》である音の振動だけでなく、水粒子《りゅうし》の動《うご》きである水流《すいりゅう》も感知しています。そのため、川の流れや海流の流れに対して、特定《とくてい》の方《ほう》向《こう》に泳《およ》ぐことができたりします。

まつりさんの答え　水中でも音は伝わるので、アーティスティックスイミングでは水中にスピーカーで音を流しているけれど、空気中とは聞こえ方が違うので、必要以《い》上《じょう》には音楽に頼っていない。

ときさんの答え　魚は体のあちこちで、水中の振動をとらえている。音を聞いていると言える。

コラム

池の鯉《こい》が、手をたたくと寄《よ》ってくるのは、よく知られています。また近年は、稚魚《ちぎょ》を放流《ほうりゅう》した後の餌付《えづ》けに音を利用《りよう》している例《れい》もあります。放流前に音に対する訓練《くんれん》をしておいて、放流後、沖合《おきあい》のブイから音を出して、寄ってきた稚魚に餌《えさ》をやるのです。マダイではすでに試験報告《しけんほうこく》があります。

小さなトライアングルでも太《た》鼓《いこ》に負《ま》けない音が出るのはなぜ？

しょうさんは、お兄さんがバンドでドラムをたたいているので、大きくなったら仲間《なかま》に入れてほしいなと思っています。しょうさんは学校の演奏会《えんそうかい》でトライアングルを担当《たんとう》することになり、ちょっと残念《ざんねん》です。本当は大きな音が出る太鼓をたたいてみたかったからです。

「トライアングルはちっちゃいから、音も目立たないなあ。」

家でそうつぶやいたら、お兄さんがびっくりした顔をしました。

「えっ、そんなことないぞ、しょう。トライアングルとか、シンバルとか、金属《きんぞく》をた

たくとすごくよく響《ひび》くぞ。」

　しょうさんはお兄さんのことをとっても尊敬《そんけい》していますが、この言葉《ことば》には本当かなあと首をかしげました。トライアングルや太鼓は打楽器《だがっき》といって、どちらもたたいて音を出す楽器です。お兄さんの言う通り、トライアングルは、小さくても重《おも》い金属《きんぞく》がしっかり振動《しんどう》するので、薄《うす》い太鼓の皮《かわ》の、大きな振動に負けない音が出ます。

「しょう、鉛筆《えんぴつ》で机《つくえ》をたたいてみろ、音がするだろう。固《かた》いものでたたくと音がする。じゃあ、そのラップシートをぴったり茶碗《ちゃわん》に貼《は》って、指先《ゆびさき》ではじいてごらん。小さい音がするだろう。これはラップシートのまくが揺れて出る音だ。どっちもとても簡単《かんたん》な打楽器だよ。打楽器には、こんなふうに、『まく（皮《かわ》）を張《は》った太鼓の仲間』と『固体《こたい》そのものが音を出すもの』があるんだ。」

　鉛筆でコツコツ机をたたいたしょうさんは、ラップシートよりもはっきりした、するどい音だなと思いました。ラップシートは小さい音で、太鼓にはかないません。

「まくを張った楽器は、そのまくがふるえて、空気を振動させて、音が出るんだよね。

でも、太鼓はラップシートとは比《くら》べ物《もの》にならないくらい大きな音がするよ。太鼓の大きさと、形が音を大きくするのかな。」

しょうくんがお兄さんに聞きました。

「皮のふるえが、さらに大きく空気を振動させて響くように、太鼓は太い筒《つつ》の形をしているんだ。筒の中が空気の柱《はしら》になるから、音が大きく響きやすい。笛《ふえ》もそうだろう。太鼓は皮の種類《しゅるい》や、大きさ、張り方で、音の高さが違《ちが》うんだ。」

「そうか、まくの下の空気の柱が音を大きくしているのか。笛も空気の柱が振動するって知ってるよ。そういえば、セミもお腹《なか》が空洞《くうどう》で、お腹の皮をふるわせて鳴くって聞いたよ。みんな太鼓みたいなんだね。」

しょうくんの言葉に、セミのことをよく知っているなとお兄さんは感心《かんしん》しました。

トライアングルのように「固体そのものが音を出すもの」は、体鳴《たいめい》楽器と呼《よ》ばれています。難《むずか》しそうな名前ですが、よく字を見てください。体と鳴るという字がありますね。つまり、「固体の全体《ぜんたい》がふるえて鳴る楽器」という意味《いみ》です。体鳴楽器を作るのに適《てき》している材料《ざいりょう》は、金属や固い木片《もくへん》など、全体がほぼ均質《きんしつ》のものです。このような材料でできた楽器は、別《べつ》についている棒《ぼう》や、セットになっている本体の片方で、打ったり、たたいたりすることで、音を出します。トライアングル、シンバル、カスタネット、鉄琴《てっきん》、木琴《もっきん》など、たくさんの種類があります。

「鉄琴や木琴は下に筒があるね。筒の中の空気の柱で音をもっと大きくしているんだね。」

「トライアングルみたいな楽器は、形が変《か》わらないから同じ高さの音しか出ないけど、音の大きさや、響き方はいろいろ工夫《くふう》ができるぞ。一つの棒やかたまりは、一つの高さの音しか出ない。だから、鉄琴や木琴は、音を出す長さを変えたものを並《なら》べて音階《おんかい》を作っている。」

体鳴楽器は固いのにどうしてふるえるのでしょう。金属や木片は、原子や分子が規《き》則的《そくてき》に並び、しっかり手をつないで固くなっています。そこに、たたいて力を加《くわ》えると、目に見えないくらい小さくへこみます。へこんだところが元の形に戻《もど》ろうとして、まわりの空気を振動《しんどう》させ音になります。

まわりの空気を振動させずに、ふるえが止まってしまうと、音は響きません。トライアングルを机の上においてたたくと振動がすぐに止まってしまうので、コンというだけです。ひもで空気中にぶらさげてたたくと良《よ》い音がします。トライアングルは金属なので、とりわけ固く、もとの形に戻ろうとする力も強く、高く強い音が出ます。金属の原子は重いので、いったん振動し出すと簡単《かんたん》には止まらず、音が弱まらないでいつまでも響き続《つづ》けることになります。それで、耳によく届《とど》き、太鼓に負けない音に聞こえるのです。

「鉄琴や木琴みたいに、台にくっつけちゃうとふるえにくくなってたたいても音は小さくなってしまう。だから、大きく響かせるための筒がいるんだ。」

しょうさんは演奏会が楽しみになりました。なんだかトライアングルをうまく響かせる自信《じしん》が出てきたからです。

問い トライアングルの音を止めるにはどうしたらいいかな。

答え 手で押《お》さえてふるえを止める。

グラスハープの音色は不思議《ふしぎ》。グラスの縁《ふち》を指《ゆび》でこするだけであんなに音が出るのはなぜ？

るなさんの問《と》い　グラスハープは、なぜグラスにいろんな量《りょう》の水を入れるのかな。

しろうさんの問い　グラスの縁をこするだけで、なんで大きな音が出るのだろう。

ガラスは硬《かた》くて指で触《さわ》ったくらいでは簡単《かんたん》にはふるえそうにありませんが、指でこすったグラスは目に見えないくらいふるえます。ほんの少しですが、指とガラスの間の摩擦《まさつ》で、こすれるときに引っかかり、引っ張《ぱ》られたガラスがふるえるのです。このふるえがうまくグラス全体《ぜんたい》に伝《つた》わると大きな音になります。これを共鳴《きょうめい》といいます。うまくいくと、大きく振動《しんどう》する「共鳴」とはなんでしょうか。

ここでブランコをこぐときを思い出してみてください。初《はじ》めてブランコをこいだ子どもは、なかなかうまくこぐことができません。それは、リズムが合っていないからです。揺《ゆ》れるものには、そのものごとに違《ちが》う、決《き》まったリズムがあります。そのリズムが合えば、簡単に揺れますが、合わないとどんなにがんばっても揺れません。

たとえば、消《け》しゴムに糸をつけてぶら下げ、息《いき》を吹《ふ》きかけて揺らすとします。そのとき、フーフーするリズムを速《はや》くしたり遅《おそ》くしたり、いろいろ変《か》えてみましょう。すると、あるリズムのフーフーで、消しゴムは突然《とつぜん》大きく揺れだします。また、糸の長さを変えると、そのリズムも変わるはずです。ブランコも同じで、そのブランコに合ったリズムで、ひざを曲《ま》げたり伸《の》ばしたりすると、すぐに動《うご》きだします。そのリズムをくり返《かえ》していると小さなひざの動きでも、ブランコの揺れはとても大きくなります。これは、ひざの曲げ伸ばしのリズムとブランコのもともと揺れやすいリズムがぴったり一致《いっち》した状態《じょうたい》で「共振《きょうしん》」と呼《よ》びます。共振が起《お》きると小さな揺れの働《はたら》きで物《もの》を大きく揺らすことができます。

同じことは音を出す振動でも起こり、その場合を「共鳴」と呼びます。グラスをこする指の摩擦で、目に見えないほど小さくグラスを引っ張るリズムが、もともとのグラスのふるえ方のリズムと一致するペースになると、グラスの振動は急《きゅう》に大きくなります。

もう少し小さい、グラスを作る粒《つぶ》の世界《せかい》でイメージしてみましょう。物は落《お》としたり、たたいたりすると、原子や分子という粒の並《なら》び方やくっつき方によって、ある決まった振動をします。ちょうど、ブランコをこぐように、粒が並んでいる立体の振動を大きくするような力が働くと、グラグラし始めて共鳴が起こります。グラスの場合、水でぬらした指でこすることで、ほどよい摩擦を起こし、うまくグラスのリズムと合って共鳴を起こすのです。

グラスがはげしくふるえていることは、中に入っている水を見るとすぐにわかります。縁に近い水面《すいめん》が細かく波紋《はもん》を描《えが》いたり、しぶきをあげたりします。

ところで、ワイングラスをこすって出る音の場合は、振動しているのはワイングラスそのものです。ですから、水を多くすると、グラスが重《おも》たくなってゆっくり振動するので、音は低《ひく》くなります。反対《はんたい》に水を減《へ》らすと軽《かる》くなり振動しやすくなって、速く振動するので音は高くなります。一定の量の水を入れた一つのワイングラスでは、一つの音しか出せませんから、曲《きょく》を奏《かな》でるほどの音階《おんかい》を作るには、たくさんのグラスを用意して、さまざまな量の水を入れて、両方《りょうほう》の手の指で次々《つぎつぎ》にこすって演奏《えんそう》する必要《ひつよう》があります。ワイングラスを鳴らすのは、特別《とくべつ》な技術《ぎじゅつ》が必要に思えますが、そんなことはありません。ワイングラスは100円ショップのもので十分ですし、指をぬらして、こする速《はや》さを速くしたり遅《おそ》くしたりしてみれば、必《かなら》ず鳴らすことができます。すてきな音色が聞こえますから、ぜひ試《ため》してみてください。

ここまで、高い音や低い音という言葉《ことば》をふつうに使《つか》ってきました。でも、子どもは、音が高いとか低いとかいうような区別《くべつ》はなかなかできません。いえ、別に、聞き分けられないというのではなく、高い音に分類《ぶんるい》できそうな音は、耳が痛《いた》い音、低い音は体に響《ひび》いて怖《こわ》い音、などととらえています。そして、それは「ド、レ、ミ……」という音階の名前の付《つ》け方との違《ちが》いだけの問題《もんだい》かというと、ちょっと異《こと》なる気がします。子どもにとって、人の声、虫の声、犬の声、雑音《ざつおん》、ピアノの音、バイオリンの音、テレビの音、風の音、そんな、いろいろなすべての耳でとらえられる「音」を、一つのくくりでまとめることは簡単ではありません。みなさんも、どれもが耳で「聞こえる」という感《かん》じを受《う》けるものだと、いつの間にか、わかってきたことでしょう。時々、意《い》識《しき》して、耳を澄《す》ませてみましょう。「何が聞こえる？」という問《と》いかけで、さまざまな音に気持《きも》ちを向《む》けてみてください。なんと多くの音の中で私《わたし》たちは暮《く》らしていることでしょう。そして、ざわめきの中でもいっしょにいる人が語りかければ、その声だけが聞こえ、遠くから名を呼《よ》ばれれば聞き分けられる。人はいつも無意識《むいしき》に自分が聞きたい音だけ選《え》り分けて聞いているのですから驚《おどろ》きます。

るなさんの答え　水の量が音の高さを決める。一つのグラスでは一つの高さの音しか出せないから、いろいろな量の水を入れたグラスを準備《じゅんび》して音階を作る。

しろうさんの答え　水でぬらした指でこするとグラスが共鳴して、大きな振動になり、大きな音になる。

声を響《ひび》かせるマイク、音楽を響かせるスピーカー。どちらも演奏会《えんそうかい》では大事《だいじ》だけれど、どう違《ちが》うの？

ゆきなさんといつきさんは先生の手伝いをして、体育館《たいいくかん》にマイクを用意《ようい》しています。

「先生、マイクってどうして声を大きくできるんですか。声って空気の振動《しんどう》が伝わるんでしょう？　この小さなマイクに話して、どうして音が大きくなるんですか？　どこで、空気の振動を大きくしているんですか？」

「マイクは楽器みたいに空気の柱《はしら》もないし、バチでたたくわけでもないし、音がそのまま大きくなるって、なんだか不思議《ふしぎ》。でも、電気は使ってますよね。スイッチがあるし。」

先生はスピーカーの音量《おんりょう》を確《たし》かめながら答えてくれました。

「マイクとスピーカーの原理は、実は同じものですよ。どちらも、音の振動にともなってふるえる振動板《しんどうばん》と、導線《どうせん》をくるくるまいたコイルと、磁石《じしゃく》の三つからできています。」

「あ、なんか、聞いたことのある組み合わせだわ。」とゆきなさんは思いました。

「コイルと磁石で、モーターができますね。」

「そうですよ。まず、マイクについて考えてみましょう。ふつうの声はゆきなさんが言う通り、空気が振動して、耳まで届《とど》きます。マイクはそこに話しかけるようにしますね。同じようにするものに、電話があります。糸電話では紙コップに話しかけるとどうなりましたか。」

「糸がふるえて、もう一つの紙コップまで声を伝えます。だから、二人で話ができます。」いつきさんが答えました。

「でも、マイクに糸はありませんね。マイクが伝えているのは電気の信号《しんごう》です。声がマイクの振動板をふるわせて、それを電気と磁石の力で電気の信号にして、受《う》け手に送る仕組《しく》みになっています。コードでつながっているマイクは導線の中を、コードレスマイクでは電気の信号を電波《でんぱ》に変《か》えて飛《と》ばして、受信機《じゅしんき》まで送《おく》っているのです。」

具体的《ぐたいてき》に、どのように、空気の振動を電気の信号に変えているのかをお話ししましょう。まず、電気が流《なが》れると回転《かいてん》するモーターのように、電気で物《もの》を動《うご》かすことができます。一方で、発電機《はつでんき》を回すように、物の動きから電気を作り出すことができます。そしてこれにはどちらも必《かなら》ず磁石が必要《ひつよう》です。電気が流れているものが磁石の力の届く範囲内《はんいない》にある場合、どちらかが動くと必ず相手《あいて》に影響《えいきょう》します。

マイクでは、声（空気の振動）によって振動板が振動して、それにくっついているコイルが動きます。コイルは電気を流すことのできるものです。そのコイルが磁石のそばで動くことによって、磁石の力の影響を受けて、電池につながなくてもコイルに電流《でんりゅう》が生じ、電気が流れるのです。この電流は振動板のふるえの速《はや》さや大きさで変わります。このように、磁石の近くでコイルを動かすと電流が生じる現象《げんしょう》を、電磁誘導《でんじゆうどう》といいます。イギリスのファラデー（1791-1867）という人が発見した現象です。音の高さや強弱によって電流の流れ方が変わるので、音の情報《じょうほう》が伝わるのです。

「今、先生が調節《ちょうせつ》していたけれど、マイクを使うときにスピーカーも必要になりますね。もしかして電気に変わった「声」を、もう一度《いちど》音にして響かせるのがスピーカーなんですか？」

「そうか、だから、電波でスマートフォンに届く音楽がスピーカーから出て音になるんだな。」

　ゆきなさんの質問《しつもん》といつきさんの気づきに、先生は、今度はスピーカーの説明《せつめい》を始《はじ》めました。

「電気の流れと磁石の力がお互《たが》いに影響《えいきょう》する場所《ばしょ》にあるとき、お互いの間に力が働《はたら》きます。そしてコイルや磁石が動き出したり、くるくる回ったりします。さっき、マイクから声をもとにした電気の信号が出発しましたね。それを受け止めた導線には、音の情報に見合った電流の変化《へんか》が生まれます。それがスピーカーの中のコイルに伝わり、その変化通りの電流が流れます。すると、コイルの近くにある磁石によって流れる電流に応《おう》じた力が生まれます。しかし、磁石は固定《こてい》されているので、コイルだけが動き、振動するコイルと一体化した振動板がふるえることになります。こうして、今度はスピーカーの中の振動板の振動が同じように空気を振動させ、私《わたし》たちの耳に届きます。」

「うわ、長い道のりだあ……。」いつきさんはため息《いき》をつきました。「でも、それって、マイクの逆《ぎゃく》ってことですね。」

「そうです。その通りです。言葉《ことば》にするとややこしいですが、これが、マイクやスピーカーの中で、一瞬《いっしゅん》のうちに逆転《ぎゃくてん》して起《お》こっていることです。」

問い 服《ふく》につける小さなマイクには電池が入っている?

答え 入っている。マイクは電気を利用《りよう》して音を大きくする機械《きかい》だから、電源《でんげん》がなければ、電気を利用できない。

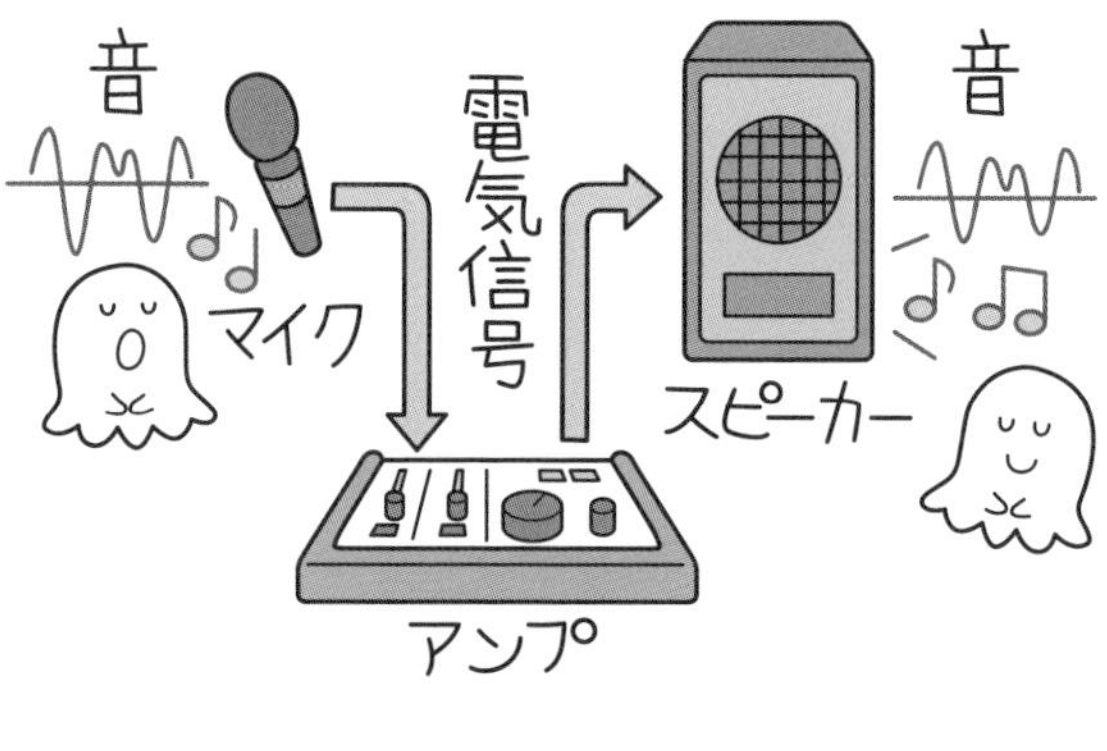

窓《まど》を少し開《あ》けただけで、外の音が急《きゅう》に大きく聞こえるのはなぜ？

ゆうじさんの問《と》い　窓をちょっと開けただけで、校庭《こうてい》の応援《おうえん》の声が急にうるさくなった。ほんのちょっとしか開けてないのにどうしてかな。

まきさんの問い　夜になると、遠くの電車の音が聞こえる。昼間でも静《しず》かなところなのに、どうして夜だけ聞こえるのかなあ。

音は、音を出すものの振動《しんどう》が、空気を振動させて、池に投《な》げた石が作る丸い波《なみ》のように同心円状《どうしんえんじょう》に広がって耳に届《とど》くと、「聞こえた」となります。

音は、広がる途中《とちゅう》に、さえぎるものがあると、はね返《かえ》ったり、吸収《きゅうしゅう》されます。窓が

閉《し》まっていると、空気の振動は窓ガラスに当たります。窓ガラスが振動して、少しは外の音を伝《つた》えますが、はね返ったり、ガラスに吸収されてしまいます。

ところが、空気の振動は少しでもすき間があると、そこを通り抜《ぬ》け、さらに広がります。この現象《げんしょう》を回折《かいせつ》といいます。光は波の性質《せいしつ》を持《も》ち、雲が虹《にじ》色に見える彩雲《さいうん》という現象は、光の回折によります（36ページ）。音も波の性質を持っていますが、目には見えないので、目に見えるほかの波で回折を考えてみましょう。都合《つごう》のいいのは水の波です。

テトラポットや岩のすき間に、打《う》ち寄《よ》せた波が、すき間を抜けたとたん、丸く回り込《こ》んで砂《すな》に打ち寄せている現象が回折です。堤防《ていぼう》の端《はし》などでは、寄せてきた波が、堤防に当たって止まりますが、堤防のない側《がわ》の波は進《すす》んで、端を過《す》ぎると堤防の内側に回り込んで広がります。音の場合、校舎《こうしゃ》の端で、表《おもて》の校庭の声がよく響《ひび》いて聞こえるのも回折の影響《えいきょう》があります。

回折は、すき間やふさいでいる物の角を抜けたとたんに、丸く広がるので、すき間や角がまるで、新たな波の源《みなもと》のように見えます。また、この回り込みやすさは、すき間の幅《はば》や、ふさいでいる物のサイズにもよります。波の山から山までの距離《きょり》を波長《はちょう》といいますが、波長とすき間の長さが近いほど波はよく回り込みます。

音の波の場合、波長は、高い音は17ミリメートルくらいで低《ひく》い音は17メートルくらいです。つまり、指先《ゆびさき》一本分くらいの窓のすき間では、高い音がよく回り込んで入ってきます。低い音はあまり入ってきません。防音が十分な気密性《きみっせい》の高いビルでは、ふつう外の音は聞こえませんが、窓の鍵《かぎ》を開けただけでも重《かさ》なっている部分《ぶぶん》の密閉《みっぺい》が緩《ゆる》み、わずかなすき間から外の雑音《ざつおん》や人の声、車の音が聞こえます。

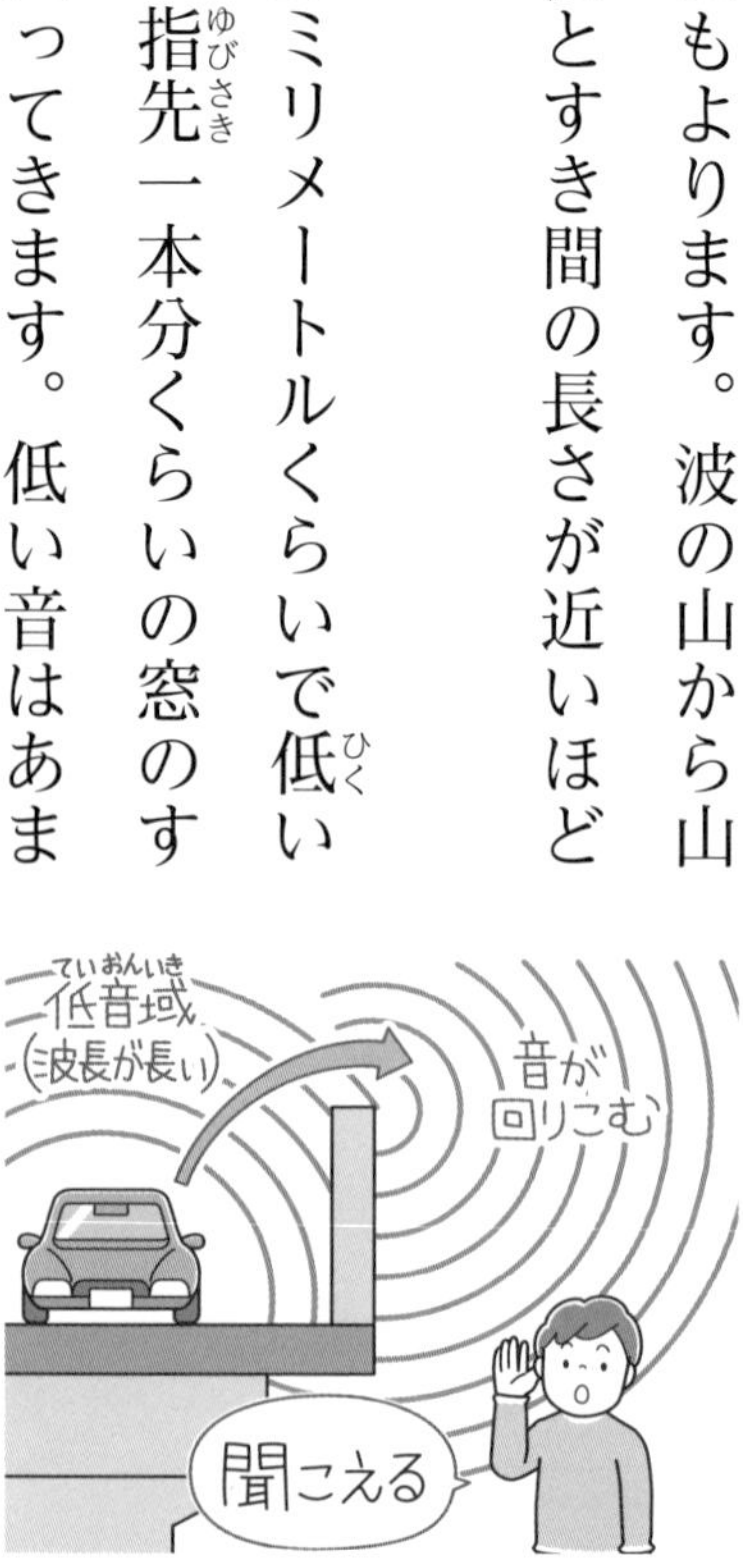

高速道路《こうそくどうろ》の防音壁《ぼうおんへき》は、上が開いたトンネルのように、道路を半ば覆《おお》うようにせり上がっていますが、上は10メートルとか20メートルといった、大きなすき間になっています。そのため、ゴォーというような低い音は、まわり込んで道路の上空から、まわりに広がってしまいます。逆《ぎゃく》に、高い音はあまり下のほうまで回り込むことはありません。

まっすぐな塀《へい》のようなつくりの防音壁も、それ自体が数メートルの高さなので中くらいから高音はいいのですが、低音はやはり回り込んで、下のほうにも聞こえてきます。

さて、回折以外《いがい》に、音の広がり方でおもしろいのは屈折《くっせつ》です。虹《にじ》のでき方について、光が空気と水のさかい目で進行方向《しんこうほうこう》が曲《ま》がる話をしました（42ページ）。音でもこの現象が起《お》こります。ただ、水中に音が入るときに屈折するのは、日常《にちじょう》ではあまり体験《たいけん》することはないでしょう。けれども音は、空気中では空気の温度《おんど》が違《ちが》うとそれだけで屈折します。なぜならば、音は空気の振動が伝わっていくものです。温度が違えば、かんじんな空気の状態《じょうたい》が変《か》わりますから、音の進む速《はや》さも変わってしまうのです。正《せい》確《かく》には音速は０度で毎秒《まいびょう》３３１・５メートル、１度温度が上がるごとに、毎秒０・６メートル速くなります。そのため、温度が違う空気の層《そう》があるときには、音の進路は曲がります。

まきさんが気づいた夜の電車の音の聞こえ方は、辺《あた》りが静かになることも一因《いちいん》ですが、夜に地面付近《じめんふきん》の温度が低くなることが原因です。上空に広がった音は、温度のさかい目ごとに少しずつ下に向《む》かう方向に曲がり、音が遠くに降《ふ》っていくのです。反対《はんたい》に、昼間、太陽《たいよう》の熱《ねつ》で地面が温《あたた》まって上空のほうが冷えたままだと、音は上へ上へと曲がって下方には降《お》りてきません。

昼と夜の地面付近と上空の温度差《おんどさ》は、お天気によって左右されます。地面付近が昼間は暖《あたた》かく、夜は逆転《ぎゃくてん》する気温分布《ぶんぷ》になるのは晴れた日です。曇《くも》りや雨の日は、必ずしもこのような温度分布にならず、遠方の音はそれほど伝わってきません。

ゆうじさんの答え　音は小さなすき間からでも回折して入ってきて広がるから。

まきさんの答え　上空のほうが地面付近よりも暖かくなる夜は、上空に広がった音が屈折して地上に降りてくる。昼間は上空の温度のほうが地面より低く、音は屈折して上空にいってしまう。

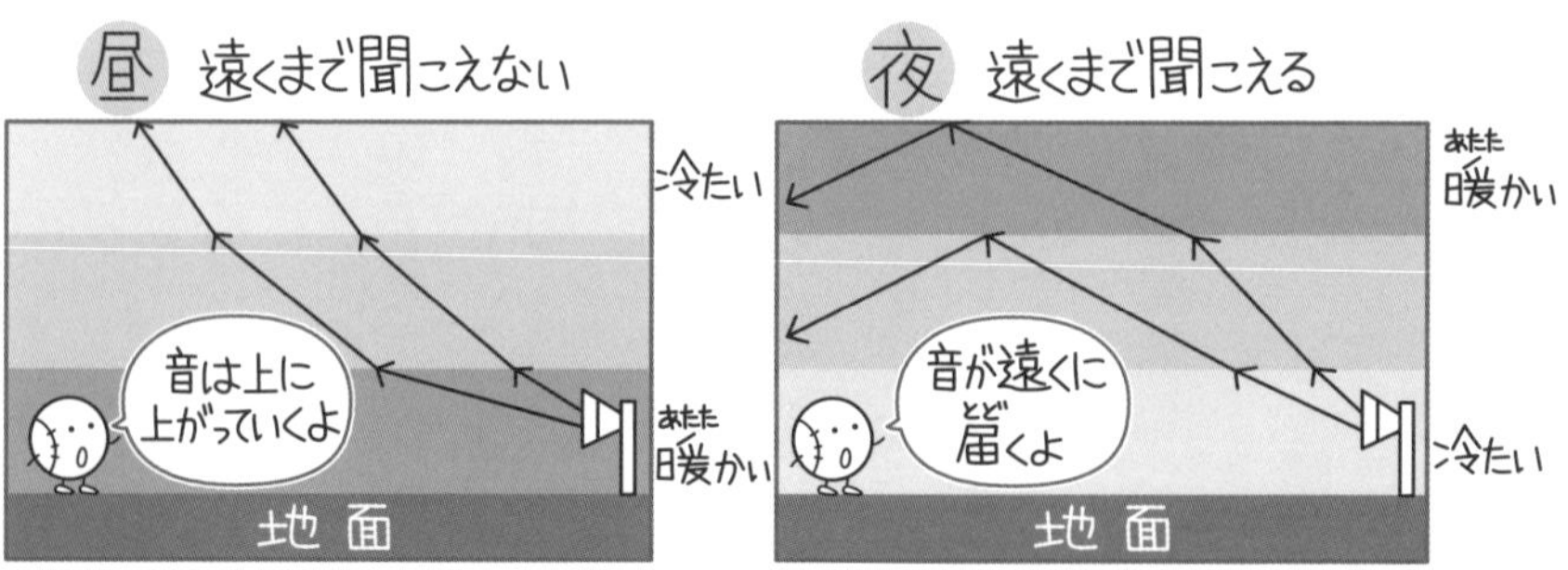

虫笛《むしぶえ》は虫の声に似《に》た音を出す。犬笛は音がしないけれど犬には聞こえるって、本当？

歌舞伎《かぶき》や劇《げき》では虫の声を出すために虫笛という、虫そっくりな音が出る笛（擬音《ぎおん》笛《ぶえ》）を使《つか》います。すばるさんの家の隣《となり》には和楽器《わがっき》のお店があって、竹でできた虫笛も売っています。

「おじさん、笛は虫の声だけじゃないんだね。」

すばるさんは、仲良《なかよ》しの楽器職人《がっきしょくにん》のおじさんと話しています。

「ああ、トンビやモズなんて鳥の声の笛もあるぞ。馬のヒヒーンという、いななきも笛の音で出すんだ。」

「夏休みの宿題《しゅくだい》に、虫笛を作った友達《ともだち》がいたよ。紐《ひも》が付《つ》いていて、くるくる回すと音が出るんだ。」

「うなり笛だろう？　あれは口で吹《ふ》くわけではないが、くるくる回すと空気が筒《つつ》を吹き抜《ぬ》けて、音が出るんだ。」

　へぇー、そういうことかと、すばるさんは納得《なっとく》しました。だって、笛といったら筒に息を吹き込んで、リードや唇《くちびる》で空気を振動《しんどう》させて音を作るはずです。くるくる回すだけで音が出るのはなぜだろうと思っていたのです。

「ゆっくり回し始《はじ》めて、だんだん速《はや》くしていくと、ちょうど音が出るほどよい速さがあるだろう。すばるくんがリコーダーを吹くときも、あんまりそっと息を吹き込んでも、強く吹き込みすぎてもうまく音が出ないように、その笛にちょうどいい空気のふるえ方があるんだよ。」

「おもちゃの笛も楽器の笛も、もとは同じなんだね。そうだ、おじさん、息を吹き込んでも音が聞こえない笛ってなあんだ。」

「えっ、それじゃあ笛の意味《いみ》がなさそうだな。」おじさんは首をかしげていましたが、「あっ」とばかりにひざをたたきました。「わかった、犬笛だ。」

「大当たり！　この間、お母さんが犬のトレーナーさんからもらってきたんだ。ルンも訓練《くんれん》が終《お》わったから、その笛を吹くと、音がしないのにちゃんとかけてくるんだ。」

すばるくんは飼《か》い犬のルンがどのくらいおりこうかをおじさんに話しました。

犬笛は音がしていないわけではありません。音が高すぎて人間には聞こえないだけです。動物《どうぶつ》はそれぞれ、聞こえる音の高さの範囲《はんい》が違《ちが》います。この範囲のことを「聴《き》く」ことが「可能《かのう》な」範囲を意味して、可聴域《かちょういき》といいます。

音の高さはヘルツ（Hz）という単位《たんい》を使って表《あらわ》します。１ヘルツとは、空気の振動が１秒間《びょうかん》に１回の割合《わりあい》で起《お》こるということで、１秒間の振動の回数を振動数、または周波数《しゅうはすう》と呼《よ》びます。たとえば、輪《わ》ゴムをぴんと張《は》って、指先《ゆびさき》ではじいてみましょう。ぶーんという低《ひく》い音がするはずです。このとき、ゴムは左右に目にも止まらぬ速さで動《うご》いています。きっと、１秒間に１００回も２００回も振動していることでしょう。

つまり、まわりの空気を、同じ回数だけ振動させているのです。輪ゴムの張り方や長さで、音の高さが変わります。輪ゴムが、１秒間に１００回振動すれば、１００ヘルツです。１００ヘルツよりも２００ヘルツのほうが、高い音ということになります。

私《わたし》たちが音楽を演奏《えんそう》するときなど、基準《きじゅん》にするのはラの音（A《エー》の音ともいう）です。基準のラは、１秒間に空気を４４０回も振動しているので、４４０ヘルツです。

動物	音の高さが聞こえる範囲（Hz ＝ヘルツ）
ヒト	12Hz ～ 23,000 Hz
イヌ	15 Hz ～ 60,000 Hz
ウマ	55 Hz ～ 33,500Hz
ハツカネズミ	1,000Hz ～ 91,000 Hz
バンドウイルカ	75Hz ～ 150,000 Hz
コウモリ	1,200Hz ～ 4,000,000 Hz
魚	20Hz ～ 3,500 Hz
スズメ	675Hz ～ 18,000 Hz
コオロギ	300Hz ～ 8,000 Hz

では、音の振動数をもとに、主《おも》な動物の可聴域を、おおよそですが比《くら》べてみましょう。ずいぶん違いますね。

特筆《とくひつ》すべきは、コウモリです。コウモリは暗《くら》い洞窟《どうくつ》などで、人には聞こえないとても高い音である超音波《ちょうおんぱ》を出して、まわりがどんな状況《じょうきょう》かを判断《はんだん》しています。

「ルンの犬笛の音は高さを変《か》えられて、本当はぼくに聞こえる音も出せるんだ。今はルンにだけ聞きやすい音にしてあるけどね。もし、災害《さいがい》が起《お》きてルンと離《はな》れ離《ばな》れになっちゃっても、『ぼくはここにいる』って笛を吹けば呼べるんだ。」

すばるさんの説明《せつめい》に、おじさんは感心《かんしん》しています。

「そうなのか。今の犬笛は進《すす》んでるね。私の年じゃ、すばるくんが聞こえる高い音ももう聞こえないなあ。年をとると、人も生き物《もの》だから細胞《さいぼう》が再生《さいせい》する力が落《お》ちてくる。」

「人は耳の奥《おく》にカタツムリ形《がた》の器官《きかん》があって、そこで音を受《う》け止めるんでしょう？図を見たことあるよ。」

「そうだ。その器官の入り口から衰《おとろ》えるから、高い振動数の音から聞こえなくなる。すばるくんくらいの年齢《ねんれい》は生命体《せいめいたい》としてベストの状態《じょうたい》だからね。成長期《せいちょうき》の10代《だい》の頃《ころ》までがいちばん広い範囲の音が聞こえる。20代の頃まで１６０００ヘルツくらいまでは聞こえるので、高周波と呼ばれる蚊《か》の飛《と》ぶ音が聞こえるんだ。私《わたし》にはもう聞こえないね。」

すばるさんはつい昨日《きのう》、蚊が飛んでいるとき、お父さんが気づかなかったことを思い出しました。お父さんには聞こえない高周波の音だったのでしょう。すばるさんはおじさんの話で、人は年齢が違《ちが》うと聞こえる音の高さも違うことを知りました。

問い 犬笛の音は犬以外《いがい》に聞こえるかな。魚はどうかな。コオロギはどうだろう。

答え 表（94ページ）を見ると、魚もコオロギも可聴域の上限《じょうげん》が人より低いから聞こえない。

3

触《ふ》れて知る世《せ》界《かい》の理科

手のひらで雨粒《あまつぶ》を受《う》けたり、傘《かさ》に当たる雨音で、雨の強さがわかるのはなぜ？

さやかさんは映画《えいが》が好《す》きで、いつか自分でも動画《どうが》をとってみたいと思っています。今日のお休みは、うちで友達《ともだち》のおすすめ映画を見ています。急《きゅう》な夕立の雨宿《あまやど》りの場面《ばめん》で、ドキドキして展開《てんかい》を楽しみにしながら、雨が降《ふ》り始《はじ》めたことを、セリフではなく光景《こうけい》で伝《つた》える演出《えんしゅつ》に感心《かんしん》しました。

「乾《かわ》いた道路《どうろ》にいきなり黒い点が一つ、大きくぽつってできたときはハッとしちゃった。それが急に増《ふ》えていって、パラパラから、バラバラって雨の音が変《か》わっていって、初《はじ》めて空が映《うつ》って、ざーって土砂降《どしゃぶ》り。本当に急で主人公《しゅじんこう》たちがびっくりした様子《ようす》がよく出ていた。」

さやかさんは映画を見終《みお》わってから、雨の場面がほかにもあったことを思い出しました。主人公が部屋《へや》から外を見ると、なんだか雨にかすんでいるような風景《ふうけい》で、見下ろす道路には傘《かさ》をさしている人といない人がいます。彼《かれ》が『降ってるのかな』と言って、ベランダから手を伸《の》ばすのです。

「そういえば、雨が降っているかどうかって、手や顔に当たるとわかる。雨が来そうな暗《くら》い空の下、歩いている子の横顔《よこがお》を映しておいて、その子が『あっ』っていう感じで、何かに気がついて、それから空を見上げて、傘を出そうとする。こんな場面なら、それだけで雨が降ってきたってわかるね。うん、いい感じ。」

そんなふうに、さやかさんは動画のイメージを想像《そうぞう》するのが日常《にちじょう》です。

「今日はどんな雨があるか調《しら》べてみようかな。いい映画を作るために、引き出しを増やさなくっちゃ。」

いろんなことを知っていれば、見せたい場面を描《えが》くのに最適《さいてき》な背景《はいけい》や小道具《こどうぐ》を選《えら》べます。そのための知識《ちしき》や経験《けいけん》の引き出しを増やそうと思っているさやかさんです。

「霧雨《きりさめ》は冷《つめ》たい布《ぬの》をまとってるみたいに柔《やわ》らかい感じがするし、ゲリラ豪雨《ごうう》の大粒《おおつぶ》の雨は当たると痛《いた》い。なんでこんなに降り方が違《ちが》うのかしら。それも知っておかないと、その場面では降らないような雨を出しちゃったらおかしいものね。」

さやかさんは図鑑《ずかん》やインターネットを調べ、自分なりにノートにまとめてみました。

『はげしい大粒の雨の直径《ちょっけい》は、5ミリメートルくらい。小粒のアサガオのたねくらいの大きさ。ふつうのしとしと降る雨は0・5ミリメートル以下《いか》、砂《すな》の城《しろ》を作るのにいいような砂浜《すなはま》の砂粒くらいの大きさ。降っているかいないかわからないような霧雨は0・1ミリメートルくらい、なめらかな砂漠《さばく》の砂粒に似《に》ていてとても細かい。』

「たしかに豪雨は、雨粒がすごく大きいのね。降り始めに道路に一粒が落《お》ちると、はっきりと大きなあとができるわけだわ。土砂降《どしゃぶ》りの雨が降り出したって感じがよく出るな。ぽつって顔に当たったら、痛いって感じに顔をしかめたら雰囲気《ふんいき》が出るかな。」

そんなことを考えながら、今度《こんど》は、さやかさんは雲と雨の関係《かんけい》も調べました。

『雨のもととなる空の雲は、細かい水滴《すいてき》の集《あつ》まりで、この水滴は本当に小さく、1ミリメートルの100分の1ほど。小麦粉《こむぎこ》の粉《こな》一粒よりも小さいくらい。

それが、10万個《こ》集まって、やっと0・1ミリメートルの霧雨の一粒になる。雲の中では、冷えて氷《こおり》の粒になったり、水滴のままだったりするものが、だんだんに大きくなって、雨粒となり地上に降ってくる。嵐《あらし》のときの雲の中ははげしく動《うご》いていて、氷の粒などがこすれあって静電気《せいでんき》*が起《お》きる。

ゲリラ豪雨とよばれる、急に降り出す土砂降りの場合は、よく雷《かみなり》をともなう。雷が起きているときに、雲の中の水滴は、初めは小さく雷の電気を帯《お》びている。それぞれがプラスやマイナスの電気を持《も》った水滴は引き合い、一つの大きな水滴に育つ。

上に行く空気の流れが強いと、雨粒は落《お》ちないでのぼり、ほかの水滴をくっつけながら大きく育って、やがて落ちてくる。』

「ええ？　すごい、雷の雲の中ではただの水滴じゃなくて、電気で引き合ってくっつくから、どんどん大きくなるんだ。そういえば静電気でホコリとかをセーターに吸《す》い付《つ》けると、とるのはひと苦労《くろう》だもんね。大粒の土砂降りと雷はセットなのね。でも、そんなに一気に大きな水滴になるなら、雲にある水分がすぐなくなっちゃうんじゃないかしら。土砂降りの雨がわりと早く止むのはそのせいかな。」

　そんなふうに考えて読んでいくと、本にはさやかさんが思った通りのことが書いてありました。

『雷雲では上空にある雲の水滴を短《みじか》い時間に使《つか》いはたすので、はげしい雨が降る時間はそれほど長く続《つづ》きません。それでも短い時間に大量《たいりょう》の雨が降るので、市中まで急な洪水《こうずい》が起こりかねません。また、ひどい雨を降らせる雲が並《なら》んだ線状降水帯《せんじょうこうすいたい》が生まれると、雨雲が同じ地域《ちいき》をくり返し通り、また停滞《ていたい》もします。その場合ははげしい雨が長い時間続くので、とても危険《きけん》です。そのため、どこでどのくらい降るかを、気《き》象《しょう》レーダーで観測《かんそく》して予報《よほう》を出しています。』

さやかさんは、ＳＤＧｓ《エスディージーズ》で掲《かか》げられている「気候変動《きこうへんどう》に具体的《ぐたいてき》な対策《たいさく》を」という目《もく》標《ひょう》を思い出しました。気候変動の原因《げんいん》への対策は不可欠《ふかけつ》ですが、同時に、気候変動によって起こる災害《さいがい》から、自分たちやまわりの人々を守《まも》ることも重要《じゅうよう》なことです。天気予報では危険を予測した情報《じょうほう》が出され、避難《ひなん》が必要《ひつよう》な場所《ばしょ》に住《す》む人には、自治体《じちたい》から避難指示《ひなんしじ》が出ます。避難をすれば、たとえ大した被害《ひがい》が出なくても『よかった』と安《あん》心《しん》できます。さやかさんは、家族《かぞく》や近所の人、お友達と声を掛《か》け合って、手《て》遅《おく》れにならないようになるべく早めに安全《あんぜん》な場所に避難しようと決心《けっしん》しました。

問い 手のひらにパラパラ心地よく砂粒が当たるように感じる雨は、霧雨、飛《ひ》雨《う》、夕立、小雨《こさめ》のうちどの名前が付《つ》いているかな。

答え 小雨。霧雨は霧のような小雨よりもっと細かい雨。飛雨は風が吹《ふ》いて飛《と》ぶはげしい雨。夕立は夏の土砂降りのにわか雨。

＊静電気については第《だい》４巻《かん》の１６７ページを参照《さんしょう》

人は風を肌《はだ》で感《かん》じ、ものは風を受《う》けて動《うご》く。風はどうやって吹き始《はじ》めるの？

うしおさんの問《と》い　風は肌で感じるけど、どこから、どうやって吹き始めるの？

しんぺいさんの問い　風はどんなことに使《つか》われているのかな。

人間を含《ふく》む動物《どうぶつ》は、文字通り「動いて」生きていく物《もの》なので、生きる上で広範囲《こうはんい》に場所《ばしょ》を移動《いどう》します。そのために、周囲《しゅうい》の状況《じょうきょう》を把握《はあく》する感覚器《かんかくき》が発達《はったつ》したと考えられます。見えて、聞こえて、触《ふ》れて……こういった五感に頼《たよ》り、周囲の状況を瞬時《しゅんじ》に把握しながら、それに対応《たいおう》して生きているわけです。

光を捉《とら》えるのが「目」、音という空気の振動《しんどう》を捉えるのが「耳」でした。ほかに、

においを受け止める「鼻《はな》」、味《あじ》を感じる「口」があり、もう一つの触れて感じる「皮《ひ》膚《ふ》」と合わせて五つが、人が五感を受け取《と》る器官《きかん》です。

皮膚は、物の表面《ひょうめん》の様子《ようす》や形、温度《おんど》や圧力《あつりょく》を知ることができます。皮膚が傷《きず》つくくらいの高温や圧力を感じると、痛《いた》いという危険を知らせる情報《じょうほう》が脳《のう》に伝《つた》わり、身を守《まも》ることもできます。一方でほんのかすかな手触《てざわ》りの違《ちが》いや、そよ風などの繊細《せんさい》な変化《へんか》も敏感《びんかん》に感じることができます。

さて、風の話に移《うつ》りましょう。花吹雪《はなふぶき》を起《お》こす春風、真夏《まなつ》のむっとするしめった熱《ねっ》風《ぷう》、冷《ひ》んやりした気持ちのいい秋風、落《お》ち葉《ば》を舞《ま》い上げる冷《つめ》たい北風、海風、台風、たつまきなど、どれも私《わたし》たちのまわりを吹き抜《ぬ》けていく風と名づけられた空気の流れです。

口でフーッと吹いたり、扇風機《せんぷうき》を回したり、電車が通り抜けたりすると、空気が動きます。このように人や機械《きかい》が空気を動かす代わりに、地球《ちきゅう》の大気を動かして風を起こしているのは、空気の温度や圧力の違いです。

真夏に冷房《れいぼう》の部屋《へや》の窓《まど》を開《あ》けると「熱《あつ》い空気が入ってきてしまう」と思いませんか。逆《ぎゃく》に、真冬は「暖《あたた》かい空気が逃《に》げてしまう」と急《いそ》いでドアを閉《し》めます。私《わたし》たちはふだんから「温度の違う空気が出会うと、空気の流れが起きる」と感じています。

同じ体積《たいせき》の暖かい空気と冷たい空気を比《くら》べると、暖かい空気のほうが軽《かる》く、両方《りょうほう》の空気が出会うと、暖かい空気が上昇《じょうしょう》して、そこに冷たい空気が流れ込《こ》む対流《たいりゅう》が起きます。これが大気に自然《しぜん》に生じる風です。

北極《ほっきょく》や南極は寒《さむ》く、赤道直下は暑《あつ》いので、地球の各地域《かくちいき》の大気の温度には差《さ》があります。また、太陽《たいよう》に温《あたた》められやすい大陸《たいりく》と、温度が変化《へんか》しにくい海洋《かいよう》では大気の温度に差が出ます。このような温度差によって地球規模《きぼ》の大きな空気の流れが起こり、ジェット気流などの上空の風ができ、天気を変化させる原因《げんいん》になります。また、もう少し小さい範囲で暖かい空気と冷たい空気がぶつかると上昇気流ができ、上昇気流によって積乱雲《せきらんうん》が発達するとにわか雨が降《ふ》りやすくなります。

自然の風は本当にあちこちに吹いていますが、空気の流れである風そのものは目には見えません。空気の粒《つぶ》である気体の分子は目に見えないほど小さいのですから当然です。それでも、私たちは風が吹いているとわかります。

空気の粒はいくら小さくても質量《しつりょう》のある物質です。それが動いていて、ほかのものにぶつかれば、必ず相手《あいて》を押《お》します。一つの分子の衝突《しょうとつ》はほとんどゼロに近い影響《えいきょう》しか与《あた》えないでしょう。でも、そんな分子が大量《たいりょう》の数で流れてぶつかってくるのですから、風が当たったものには影響があります。

自然界《しぜんかい》の風の存在《そんざい》に私たちが気づくのは、木の葉《は》の揺《ゆ》れや梢《こずえ》のしなり、風向計《ふうこうけい》の回《かい》転《てん》や旗《はた》のはためき、道行く人の服が翻《ひるがえ》り、髪《かみ》が乱《みだ》れ帽子《ぼうし》が飛《と》ばされそうになるなど、風に吹かれた人や物に変化や動きがあるからです。

大昔《おおむかし》から風の押す力を利用《りよう》してきたものに帆船《はんせん》や風車《ふうしゃ》があります。風車は紀元前《きげんぜん》から利用されてきた記録《きろく》があり、産業革命《さんぎょうかくめい》で蒸気機関《じょうききかん》という動力が登場《とうじょう》するまで、人や馬の力を使わずに水を汲《く》んだり、粉《こな》をひいたりと、大きな動力を出せる道具《どうぐ》として長らく活躍《かつやく》しました。そんな歴史《れきし》ある風車でしたが、最近《さいきん》では風力発電で発電用のモーターを回すために利用されています。羽《はね》の形や構造《こうぞう》は昔の風車よりもっと軽やかに速《はや》く回転するような工夫《くふう》があり、見た目もずいぶん違いますが、風を羽に受けてその力で回すことは同じです。風力発電はクリーンエネルギー*として今後も活《かつ》躍《やく》が期待《きたい》されています。

うしおさんの答え　風は空気に温度差があると、暖かい空気が上昇し、冷たい空気がその空いたところに流れ込んで風が起きる。

しんぺいさんの答え　風は帆船や風車に利用されてきた。(ロウソクを吹き消《け》す、涼《すず》しくするなどの働《はたら》きもある)

*クリーンエネルギーについては第《だい》1巻《かん》の163ページを参照《さんしょう》

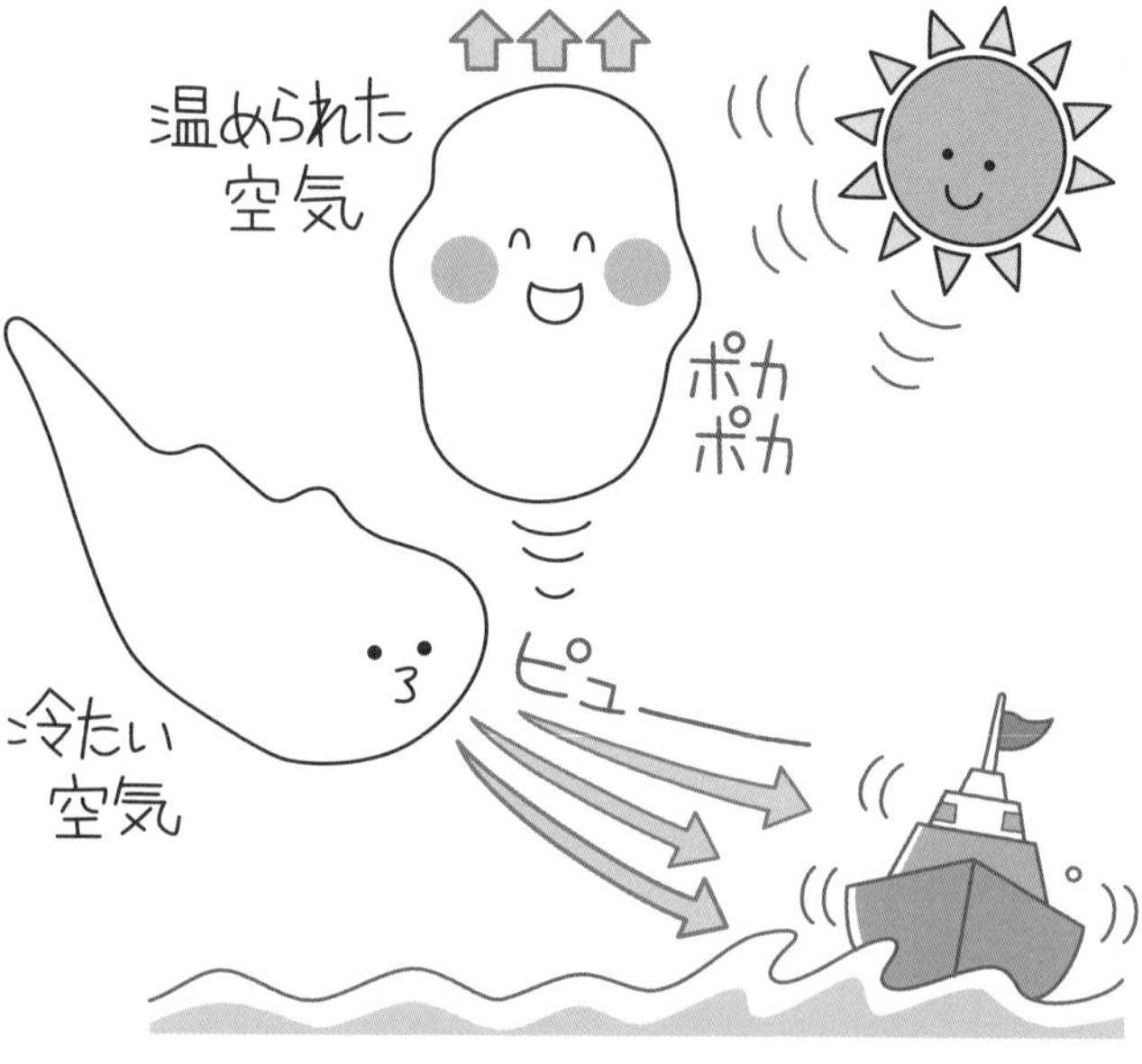

ふかふかの布《ぬの》、すべすべの布、いろんな手《て》触《ざわ》りの生《き》地《じ》は何が違《ちが》うの？

まゆりさんは綿《わた》の花を育《そだ》てています。芙蓉《ふよう》やオクラの仲間《なかま》なので、よく似《に》た花を咲《さ》かせると聞いて、開花《かいか》を楽しみにしています。まゆりさんの綿の花は、開《ひら》くときはクリーム色で、だんだんピンク色に変わっていく種類《しゅるい》です。花が終《お》わりに近《ちか》づくときに太陽《たいよう》の光に含《ふく》まれる紫外線《しがいせん》によって、花色を作る成分《せいぶん》が変化《へんか》して、アントシアニンという色素《しきそ》が増《ふ》えてピンク色になっていくのだと教わりました。

「うまく育てば綿花《めんか》が実《みの》るはずなんだ。」

友達《ともだち》のクリスさんに言うと、クリスさんは「花が実《み》なの？」と聞き返《かえ》しました。

「そうだね。綿の花って書くから花だと思うよね。本当は綿の実のことなんだって。実は熟《じゅく》すとはじけて、ふかふか白い綿のかたまりが現《あらわ》れて、これも花みたいだからそう呼《よ》ばれたらしいよ。種子《しゅし》はふかふかの綿の中に守《まも》られているんだって。綿の種類によっては、白が少し緑《みどり》や青、茶色がかっていたりするものもあるみたい。」

　クリスさんは目を輝《かがや》かせました。

「じゃあ、綿が採《と》れるんだ。集《あつ》めて糸にしようよ。まず、種子からふかふかの部分《ぶぶん》だけを外して集めて、平らにして棒《ぼう》にしっかり巻《ま》いて、鉛筆《えんぴつ》のような綿のかたまりを作るんだ。それをさらに細く撚《よ》って糸にできる。そうしてできた糸を織《お》って、縦横《たてよこ》にびっしり糸を組み合わせたものが布だけど、布を織るには綿が足りないね。」

「クリス、すごいな、詳《くわ》しいね。たしかに、私《わたし》が育てているのだけじゃ、ちょっと布はできないかな。でも、糸だけでも手触《てざわ》りの雰囲気《ふんいき》はわかるかも。」

　まゆりさんとクリスさんは洋服《ようふく》のデザインが好《す》きです。自分たちでワンピースをぬったこともあります。だから、いろいろな生地の手触りの違いに興味《きょうみ》があります。

「ふかふかの暖《あたた》かい布もあれば、すべすべの気持《きも》ちいい布もあるよね。元になっている繊維《せんい》が違うのは知っているけど、綿《わた》からできる綿《めん》と絹《きぬ》ではなんであんなに手触りが違ってくるのかな。」

まゆりさんは首をかしげ、クリスさんも「手触りが違う理由《りゆう》？」と考え込《こ》みました。

「絹は繭《まゆ》から作ったね。前に、理科クラブでカイコガを育てて繭にしたことがあったよね。」

「うん、ちょっとかわいそうだったけど、繭を茹《ゆ》でて、それから細い糸を撚ったことがあった。あの糸は、ちょっとツルツルしていたね。」

二人は理科クラブの先生に聞いてみることにしました。

「綿と絹の手触りの違いの理由ですか。なるほど。二人は綿と絹はどんな特長《とくちょう》のある布だと思いますか。」逆《ぎゃく》に先生に聞かれて、代表《だいひょう》でまゆりさんが答えました。

「綿は吸水性《きゅうすいせい》が良《よ》くて、保湿性《ほしつせい》もあって、でも、ちゃんと水を外に蒸発《じょうはつ》させるから、下着《したぎ》とかワイシャツによく使《つか》われます。それから、しっかりしていて強い布だけど、ちょっと固《かた》い印象《いんしょう》かな。絹は吸水性も保湿性もいいし、保温《ほおん》もバッチリです。なめらかで光沢《こうたく》があって、ドレスとかに向《む》いてます。」

「よく知っていますね。では、綿や絹のその特長はなぜだと思いますか。」

「ううん、まず、綿の吸水性が良いのは、水を吸いやすい……って、あ、植物《しょくぶつ》だから？」まゆりさんがおもしろいことに気がつきました。

「そうですね。布の素材《そざい》が植物か、動物《どうぶつ》かで、繊維《せんい》を作っている物質の種類が違うと思いませんか。綿は植物の繊維です。植物の繊維の構造《こうぞう》は種類によって形や長さはまちまちですが、多くは炭水化物《たんすいかぶつ》のセルロースという、ブドウ糖《とう》が長くつながった分子（高分子）が主成分《しゅせいぶん》です。

ざっくり言えば、綿と、木の繊維を漉《す》いて作る和紙《わし》は同じようなものです。」

「なるほど、そういうふうに考えればいいのか。じゃあ、絹は動物だからタンパク質《しつ》でできているってことですね。」

クリスさんも考え方がわかっておもしろくなりました。

「そうです。20種類にもなるアミノ酸《さん》が数百個《こ》から数千個も結合《けつごう》している高分子です。そんな材料《ざいりょう》でできている絹の繊維は、細かい穴《あな》が多いつくりで、そのために空気を多く含《ふく》むことができます。」

「わかった、空気を含むとダウンみたいに保温性がいいんだ。」

「うまい例《たと》えに気づきましたね。空気は熱《ねつ》を伝《つた》えにくいので、絹は冬の冷気《れいき》や、夏の暑《あつ》さを伝えにくく快適《かいてき》です。さっきのように、大まかな言い方をすれば、絹と人の肌《はだ》は同じようなものです。人が日焼《ひや》けするように、絹は綿より紫外線を吸収《きゅうしゅう》するから、影響《えいきょう》を受《う》けて変色しやすいという欠点もありますよ。」

まゆりさんとクリスさんは自分の腕《うで》を撫《な》で、それから横《よこ》にあった紙を触《さわ》ってみて、顔を見合わせました。

「綿と絹の手触りが違う理由がわかった気がするね。レーヨンやポリエステルは人が作った化学繊維だから、また違った手触りや特長があると思う。どんな高分子でできているのか、今度《こんど》調《しら》べてみよう。」

寒《さむ》い風の中を歩くと手がピリピリし、暖《あたた》かい部《へ》屋《や》に入るとジンジンするのはなぜ？ 指《ゆび》の感《かん》覚《かく》がにぶって困《こま》る。

北風が吹《ふ》く帰り道で、いちろうさんは指がかじかんで困っています。今日はいちろうさんが卒園《そつえん》したこども園でピアノを弾《ひ》く約束《やくそく》になっているのです。

「みんなに聞かせてあげるんだ。みんなおうちからむかえが来るまでいい子で待《ま》っているんだもん。がんばらなきゃ。」

園に着《つ》くとほっとします。こども園の中はとても暖かく、いちろうさんはすぐに指が温《あたた》まってきました。

「よかった、指の感覚がにぶいと、うまく弾けないからな。うわ、でも今度《こんど》はあったまってジンジンしてきた。」

手をこすりながらつぶやいたいちろうさんの横《よこ》で、小さな子が聞きました。

「お兄ちゃん、指だいじょうぶ？」

「うん、すぐ平気《へいき》になるから。ちょっと手がびっくりしただけだよ。」

人の皮膚《ひふ》の中には、細い血管《けっかん》が細かく通っていて、急《きゅう》に冷《ひ》えると、きゅっと縮《ちぢ》んで、ピリピリした感じがしています。冷凍庫《れいとうこ》の氷《こおり》に触《さわ》っても、ちょっと似《に》た感じを受けますね。では、冷《つめ》たいところから、暖かいところに移《うつ》って、しばらくして手が温まり始《はじ》めると、ジンジンしてくるのはなぜでしょう。これも、手がびっくりしたからと言えるのでしょう。温まり始めると、縮んでいた血管が広がり、血のめぐりが急によくなるからだと考えられています。

冬は雪に触って痛《いた》いような冷たさを感じ、そのあと、お風呂《ふろ》に入って温まると、冷えきっていた手足がジンジンする。夏ならば、かき氷を食べて、口の中から鼻《はな》の奥《おく》、頭のしんまでキーンと冷たく痛く感じる。そんな、急な温度変化《おんどへんか》は、皮膚にいろいろな感覚を体験《たいけん》させてくれます。

いちろうさんは寒い日に外を歩いていました。風があると実際《じっさい》の気温よりも体が感じる温度のほうが低《ひく》くなります。おおざっぱに言って、日常《にちじょう》吹く強さの風は、毎秒《まいびょう》1メートル速《はや》くなると体が感じる温度は1度《ど》下がります。たとえば自転車《じてんしゃ》の速さは時速は20キロメートル程度《ていど》です。1秒の速さで考えると、1時間＝60分＝３６００秒ですから、20キロメートル＝２００００メートルを割《わ》って、秒速およそ6メートルです。つまり、自転車に乗って走っているときに顔に吹きつける風は風速6メートルとなり、空気の温度は実際の温度より6度ほど下がります。気温が20度ならば、顔に当たる風は14度くらいに感じます。自転車で走った後の頬《ほお》はひんやり冷えています。

冬の日はもともと気温が低い上に、いちろうさんの指は風に当たって、気温より冷たくなりました。指は細長い棒《ぼう》のような形です。冷たい空気に当たる面積《めんせき》が広く、細いので中心と表面《ひょうめん》がすぐ近くです。たとえば、頭のように大きく丸いものよりも、

ずっと簡単《かんたん》にしんまで冷えてしまいます。そのため、人は寒いところにいると、まず、「手や足がかじかむ」と感じるのです。

いちろうさんは無事《ぶじ》にピアノを弾き終《お》えました。園長先生は本当にうれしそうで、「こんなに上手《じょうず》になって……」と、いっぱいほめられました。

「手が温まったから、指の感覚がよくなりました。指先ってすごいですね。とっても小さな違《ちが》いも感じられるんです。」

「いちろう君は大きくなったから、指も成長《せいちょう》して、感覚や動《うご》きが小さい頃《ころ》よりずっと優《すぐ》れたものになったのですね。手が感じることのできる感覚はとても正確《せいかく》で、時には機械《きかい》の精度《せいど》を上回ると言いますよ。たとえば、物《もの》の表面の粗《あら》さを調《しら》べるには機械もありますが、生産現場《せいさんげんば》では、慣《な》れた職人《しょくにん》さんが指先で調べることも多いと聞きました。ほかにも、宇宙船《うちゅうせん》の部品製造《ぶひんせいぞう》にも使《つか》われている『へらしぼり』という技術《ぎじゅつ》があります。金属《きんぞく》の板《いた》を回転させながら手で持《も》ったへらで押《お》して形を作るのです。これは熟練《じゅくれん》した職人さんの技《わざ》が、機械で押して作る方法《ほうほう》よりも優れていることで有名《ゆうめい》です。」

「楽器《がっき》の演奏《えんそう》だけでなく、手はいろんな世界《せかい》で活躍《かつやく》するんですね。」

園長先生の言葉《ことば》にいちろうさんが感心していると、小さな子が言いました。

「私《わたし》も指でわかったよ。今日の園長先生の手、ガサガサだった。」

園長先生は目を丸くして笑《わら》いました。

「あら、大変《たいへん》、大事《だいじ》な指ですから、ちゃんとハンドクリームをぬっておきますね。みんなのほっぺを触ったら、痛い！って言われちゃう。顔の皮膚はとても敏感《びんかん》ですものね。」

問い　指先の感覚が活躍《かつやく》している場面をあげてみよう。

答え　点字。くっついてしまったセロハンテープの端《はし》を探《さぐ》り当てる。柔《やわ》らかいか硬《かた》いか確《たし》かめる。ヤスリをかけたときに、仕上《しあ》がりを確かめる。など。

風をあびると、むっとしてべたつくときとサラサラ気《き》持《も》ちの良《よ》いときがある。何が違《ちが》うのだろう。

あおいさん　日本に帰ってきて空港《くうこう》を出たら、お風呂《ふろ》に入ってるみたいにむっとした風だった。台風の前は湿気《しっけ》がすごいんだな。

みなとさん　高原を渡《わた》る風は涼《すず》しくてとても気持ちいい。夏とは思えないくらい、湿気が少なくて、肌《はだ》がサラサラした。

風は空気の流《なが》れです。水分の多い空気の流れがむっとするべたつく風で、水分の少ない乾《かわ》いた空気の流れがサラサラの風です。空気の中に、どれだけの水分があるのかを表《あらわ》す数字を、湿度《しつど》といいます。毎日の天気予報《よほう》では、湿度の情報《じょうほう》もありますから、よく聞いてみましょう。

たとえば湯船《ゆぶね》にお湯《ゆ》を張《は》ったお風呂場に入ると、ふつうの部屋《へや》よりもむっとした湿気を感《かん》じるでしょう。これは湿度が高い状態《じょうたい》です。対照的《たいしょうてき》に、昼間に風をよく通したお風呂場は、すっかり乾《かわ》いて湿度は低《ひく》くなっています。

あおいさんは、きっと夏のヨーロッパのように、湿度の少ない国から飛行機《ひこうき》に乗《の》って、台風が近づく日本に帰ってきたのでしょう。無事《ぶじ》に飛行機が着陸《ちゃくりく》できてひと安心《あんしん》ですが、近《ちか》づく台風の影響《えいきょう》で、湿度の高い風が吹《ふ》きつけてきたようです。一方のみなとさんは、湿度の低い高原の風を心地よく感じています。

空気の温度《おんど》が高いほど、たくさんの水分が空気の中に入ることができますが、もちろん限界《げんかい》はあります。水分が入ることのできる限界量《げんかいりょう》の何分の一が、今、空気中に含《ふく》まれているかを表すのが湿度です。今の温度で、空気中に含まれる限界の水分量を１００として、50の水分が含まれていたら、湿度は50パーセントといいます。

梅雨《つゆ》どきの湿度は80パーセントを超《こ》えますし、晴れた日が続《つづ》く冬の太平洋側《たいへいようがわ》の地域《ちいき》では30パーセント以下《いか》のときもあります。梅雨はじめじめしてカビが生えるとか、冬に乾燥《かんそう》する地域では手が荒《あ》れる、静電気《せいでんき》*が起《お》きるなどと言いませんか。私《わたし》たちは日《にち》常《じょう》生活で湿度を感じ、それによって起こることに気がついています。

冬の部屋は乾燥していますから湿度はそれほど高くありません。たとえば、部屋の温度計・湿度計が室温24度で湿度35パーセントを指《さ》していたとします。気温24度の空気は１立方メートルあたり最大《さいだい》22グラム程度《ていど》の水蒸気《すいじょうき》を含むことができます。**22グラムの35パーセント（×０・３５）ですから、１立方メートルあたり約《やく》８グラムの水蒸気が部屋の空気に含まれていることになります。

ところで、冬の戸外はとても寒く、窓辺《まどべ》のガラスも冷たくなっています。ガラスの温度は戸外の温度の影響で５度だったとします。ガラスに接《せっ》した室内の空気もその温度に下がっています。ここで、気温５度のときの空気が含むことのできる最大の水蒸気を調《しら》べてみると１立方メートルあたり約７グラムです。おやおや、室内にある水蒸気の量が１立方メートルあたり約８グラムでしたから、限界を１グラム超えています。

この超過分《ちょうかぶん》はどうなるかというと、空気中に水蒸気の形でいられなくなり、ガラスに水滴《すいてき》としてくっつきます。これが、冬の暖《あたた》かい部屋の窓《まど》に水滴がつく理由《りゆう》で、この現象《げんしょう》を結露《けつろ》と呼《よ》びます。夏に冷《つめ》たいジュースを入れたガラスのコップに水滴がつくのも、同じ理由です。

結露したガラス窓が太陽《たいよう》の日差《ひざ》しなどで温められると、再《ふたた》び水滴は水蒸気《すいじょうき》となって見えなくなります。

実《じつ》は芸術《げいじゅつ》の世界《せかい》でも湿度はとても重要《じゅうよう》です。

楽器《がっき》は湿度にとても敏感《びんかん》です。よく、人間にとって快適《かいてき》な温度と湿度にして保管《ほかん》しましょうと言います。人間にとって温度は20度前後、湿度は50パーセント前後が快適ですが、楽器も同じということです。

楽器は素材《そざい》に木を使《つか》っているものがありますが、木はもともと植物《しょくぶつ》です。そのために、水分を含みやすく、膨張《ぼうちょう》します。一方で、乾燥すると縮《ちぢ》みますから、極端《きょくたん》な温度《おんど》変化《へんか》では貼《は》り合わせにすき間ができたり、形に歪《ゆが》みが出て割《わ》れたりします。金属《きんぞく》の部分もありますから、湿度が高いと錆《さ》びます。カビも大敵《たいてき》です。楽器はとても精巧《せいこう》にできていて、わずかな変化で音が変《か》わってしまいます。

絵画も高い湿度を嫌《きら》います。絵の具《ぐ》とキャンバスは別《べつ》の素材《そざい》でできているので、湿気を吸《す》って膨張したり、乾燥で縮んだりすると、その度合いがそれぞれ違い、楽器と同様《どうよう》に、はがれたり割れたりする原因《げんいん》になります。また、湿度が高いとカビやシミも生じやすくなります。博物館《はくぶつかん》や歴史館《れきしかん》の展示品《てんじひん》も同様で、湿度の管理《かんり》が重要になります。

あおいさん　湿度の少ない国で飛行機に乗って、台風が近づく日本に帰ってきたので

その影響で、湿度の高い風が吹きつけた。

みなとさん　湿度の低い高原の風が心地よいのは、人間にとって湿度は20度前後、湿度は50パーセント前後が快適だから。

＊静電気については第《だい》4巻《かん》の167ページを参照《さんしょう》

＊＊理科のさまざまな数値《すうち》が載《の》っている理科年表で、飽和《ほうわ》水蒸気量を調べるとわかる。

浜《はま》辺《べ》の海ガラスはきれいな色ですべすべ。なぜガラスはとがっていないの？

ななかさんは春先の浜辺で、海ガラスを拾《ひろ》っています。水色や緑《みどり》の曇《くも》りガラスは、淡《あわ》いパステルカラーに見えて、すごくおしゃれです。大きさも形もさまざま、手で触《ふ》れるとすべすべしていて、いつまでもなでていたくなります。

これが、もともとはその辺《あた》りに落《お》ちていたビンのかけらだったとは、とても信《しん》じられません。

「わあ、やったわ！ 珍《めずら》しい黄色を見つけた。花の形に並《なら》べて、真《ま》ん中にこれを入れたらちょうどいい。接着剤《せっちゃくざい》でステンドグラスみたいにくっつけて……。」

光に透《す》けたらさぞかしきれいだろうと想像《そうぞう》するだけでうれしくなります。

「これは、まだ曇りガラスになりきっていなくて、少し鋭《するど》いところがある。もう少し旅《たび》をしてきてね。」

それはいかにも割《わ》れて日が浅《あさ》いビールビンのかけらに見えました。このかけらがどうしてほかの海ガラスのように、すべすべの曇りガラスになるのでしょうか。

割れたガラスの断面《だんめん》が鋭いことは誰《だれ》でも知っています。お茶碗《ちゃわん》が割れたときも気をつけて後始末《あとしまつ》をしますが、ガラスのコップが割れたときのほうが怖《こわ》い気がします。ガラスの断面がどれほど鋭いかを、顕微鏡《けんびきょう》で見てみましょう。

見た目がガラスに似《に》た水晶《すいしょう》のかけらや、割れてとがった石、欠《か》けたお茶碗などと比《くら》べてみてください。倍率《ばいりつ》をあげると、石や水晶の縁《ふち》は丸みを帯《お》びてくるのに、ガラスは鋭いままです。水晶などのように粒《つぶ》が決《き》まった形にきっちり並んでいる結晶《けっしょう》は、たとえばサイコロがびっしり箱《はこ》に詰《つ》まっていたり、ハチの巣《す》のように正六角形がすき間なく並んでいたりするのに似《に》ています。この場合、端《はし》のほうがいくつかとれても、縁は正方形や正六角形の輪郭《りんかく》になりますから、規則的《きそくてき》で極端《きょくたん》な形にはなりません。それに対《たい》して、ガラスを作っている分子は、固体《こたい》とも液体《えきたい》ともつかないと言われるほど不《ふ》思議《しぎ》で不安定《ふあんてい》に並んでいて、はるかに薄《うす》く鋭い角ができます。そんな鋭い断面を持《も》つガラスのかけらも、海の波《なみ》に捕《と》らえられ、砂《すな》のゆりかごで行きつ戻《もど》りつし続《つづ》けるうちに、丸く滑《なめ》らかで不透明《ふとうめい》な海ガラスになります。

ななかさんは黄色い海ガラスをなでてみました。

「陶芸《とうげい》をしたとき、素焼《すや》き*にやすりがけをしたら、こんな感《かん》じにすべすべになった。初《はじ》めは本当にザラザラだったけど、目の粗《あら》い紙やすりであらく削《けず》って、それからだんだん細かい紙やすりにしていったんだっけ。海の中でも、同じように、いろいろな大きさの砂粒《すなつぶ》がガラスをこすって、ここまできれいな表面《ひょうめん》を作っているのね。」

爪《つめ》の手入れにやすりを使《つか》い滑らかにするのも、角ばった手すりが何千人もの人が利《り》用《よう》するうちに丸く滑らかになるのも、どちらもガラスが丸くなるのに似《に》た現象《げんしょう》です。これは物《もの》と物がこすれあう摩擦《まさつ》が原因《げんいん》です。こする力が表面に沿《そ》って水平に加《くわ》わるので、でこぼこの部分《ぶぶん》が削り取《と》られてしまうのです。自然《しぜん》にこすれて削れるのを摩耗《まもう》、人が滑らかにしようと削って磨《みが》くことを研磨《けんま》と言います。海ガラスは、海に落ちたビンなどのガラスが小さく割れて砂と波に削られ、とがった角が摩耗して丸くなったものです。

海ガラスの表面を顕微鏡で拡大《かくだい》すると、実《じつ》に細かい傷《きず》が付《つ》いています。砂浜で拾うことのできる摩耗したガラスは、この細かい傷が、透明なガラスの表面をおおって、曇りガラスになっています。細かく傷の付いたガラスの表面は、面の向きが複雑《ふくざつ》で、光はまっすぐに透過《とうか》できませんから、透明ではなくなります。光はあちらこちらに向《む》けて反射《はんしゃ》され、白く曇って見えます。

家に帰ったななかさんは、集《あつ》めた海ガラスを並べてみました。

「もとのガラスの色が下に透けて見えるから、なんだか神秘的《しんぴてき》に見える。並べると、やっぱり青と緑が多いなあ。水色っぽいのや、藍色《あいいろ》っぽいのとか同じ青でもいろいろあるけど。ついで、白と茶、それ以外の色は1個《こ》ずつしかない。黄色、真っ赤、紫《むらさき》、ピンク。私《わたし》の宝物《たからもの》ね。」

ちょっと身《み》のまわりにある調味料《ちょうみりょう》や飲み物のビン、薬ビンの色などを調べてみてください。ななかさんのコレクションが色によってなぜ個数が違《ちが》うか想像《そうぞう》がつきます。

ここで、ななかさんはちょっと眉《まゆ》をひそめました。

「集《あつ》めるのはきれいで楽しいけど、こんなにガラスが海のゴミになっているのは問題《もんだい》だと思うな。プラスチックとかも、これと同じように、海辺に打《う》ち寄《よ》せられてきているし**。海中や海辺の生き物の生活には絶対《ぜったい》よくないわよね。ＳＤＧｓ《エスディージーズ》の目標《もくひょう》に『海の豊《ゆた》かさを守《まも》ろう』というのがあったけど、本当に大事だと思う。せめて自分や家族《かぞく》はそういうものを海に捨《す》てないようにしたり、浜辺のそうじをしたりして、少しでも身近《みぢか》な海を守《まも》っていこう。」

そして、海ガラスを集めるのはきれいで楽しい上に、小さなゴミ集めにもなっていて、それを活用してステンドグラスの飾《かざ》りを作って使えば、無駄《むだ》にはなっていないのかなと思ってみました。

「でも、このゴミ集め、小さすぎるな。私がちょっと海のゴミを拾うことに何の意味《いみ》があるのかな。」

ふと、そう思ってしまったななかさんが思わず顔をしかめた表情《ひょうじょう》に、お母さんが首をかしげ、ななかさんの言い分を聞いてからこう言いました。

「私も、ななちゃんの海ガラスという小さなゴミ集めが、そのまま持続可能《じぞくかのう》な社会を直接《ちょくせつ》に生み出すとは思わないわ。何も考えずにちょっとゴミを拾ったからＳＤＧｓかというと、それは違うと思う。」

「じゃあ、無駄なの？」

「いいえ、どうしてゴミを拾うのか、つまりその背景《はいけい》にはどのような問題があり、ゴミをどのくらい拾うことでどの程度《ていど》その問題が解決《かいけつ》されるのか、そういうことをちゃんと考えて行うゴミ拾いは、それ自体がどんなに小さくても、『なぜ、何をしているか』をきちんと示《しめ》せるから意義《いぎ》があると思うわ。小さなことでも続けている人って、環境《かんきょう》を守る行動《こうどう》を少しずつでも、たくさんの場面《ばめん》でやっていくようになると思うの。

ななちゃんがやったことをみんなにも示《しめ》せれば、賛同者《さんどうしゃ》や共感者《きょうかんしゃ》が現《あらわ》れるはずよ。SDGsに向けた考え方が目に見えるような動《うご》きになって、大きくなっていくという点において、袋《ふくろ》に海辺のゴミ集めをして1回だけでやめちゃう以上の、大きな環境への寄与《きよ》があると思うわ。」

お母さんの言葉《ことば》にななかさんは、小さな活動でもすることに意味があって、仲間《なかま》を得《え》て続けていくことが、SDGsを実現《じつげん》することにつながるのだと納得《なっとく》しました。

問い　川原の石は、流《なが》れが急《きゅう》な上流《じょうりゅう》と、海に近い下流では形が違う。丸いのはどちらでそれはなぜかな。

答え　海に近い下流のほうが丸い。川を下ってくるにつれて摩耗して角が取《と》れるから。

＊器《うつわ》の形にして乾《かわ》かした粘土《ねんど》を高温で焼いたもの。そこに、釉薬《ゆうやく》というガラス質《しつ》の薬《くすり》をかけて、もう一度高温で焼くと、陶器の茶碗が完成《かんせい》する。

＊＊プラスチックが環境に与える影響《えいきょう》の話は第《だい》1巻《かん》の１５１ページを参照《さんしょう》

笹《ささ》舟《ぶね》を作るときの注《ちゅう》意《い》。ササやススキの葉《は》で手が切れるのはなぜなの？

かなさんの問《と》い　ササの葉が茂《しげ》っているところに入るときは、素《す》肌《はだ》が出ないようにしないと皮《ひ》膚《ふ》が切れてしまう。ササの葉が痛《いた》いのはなぜ？

ふうまさんの問い　ササのほかに手が切れる危《あぶ》ない葉っぱはないの。

ササの葉は縁《ふち》にのこぎりのような歯《は》があります。それは、うっかり触《さわ》ると手を切ってしまう、鋭《するど》いものです。笹舟作りでは気をつけてください。

また、お月見のススキで指《ゆび》を切ったり、稲《いね》刈《か》り体《たい》験《けん》で、イネの葉が頬《ほお》をかすって痛い思いをしたことがある人も多いと思います。

これらの葉っぱの縁についているのこぎりの歯のような形を、「鋸歯《きょし》」といいます。この歯の形には、いろいろあり、ギザギザやトゲトゲ、波《なみ》うっていたり、デコボコしていたりするものもあります。ふつうの葉はそれほど鋭くなく、手を切ることはありませんが、すうっと細く先がとがった、イネの仲間《なかま》の草の葉は危険《きけん》です。

虫メガネでも、ギザギザした縁が見えます。顕微鏡《けんびきょう》で見ると、カマにも似《に》た、細いトゲトゲが連《つら》なっている様子《ようす》がわかります。

このような葉がほかのギザギザの葉と違《ちが》ってとても良《よ》く切れるのは、ギザギザの部《ぶ》分《ぶん》がとてもかたい細胞壁《さいぼうへき》をもっているからです。生き物《もの》の体は、ふつう、酸素《さんそ》と水素、炭素《たんそ》の三つの元素が主《おも》です。それらが複雑《ふくざつ》に長くつながった炭水化物《たんすいかぶつ》のセルロースや糖質《とうしつ》のペクチンなどのやわらかい物質《ぶっしつ》で、細胞壁ができてます。ところが、イネの仲間の葉のギザギザの部分の細胞壁は少し違います。この細胞壁の材料《ざいりょう》には、生き物には珍《めずら》しく、ケイ素、英語《えいご》でシリコンという物質が含《ふく》まれています。ケイ素は地球《ちきゅう》を作る岩や、身《み》のまわりではガラスに多く含まれていますが、生き物の体にはあまり入っていません。シリコンというと、コンピュータになくてはならない物質というほうが有名《ゆうめい》でしょう。半導体《はんどうたい》といって、電気を伝《つた》える性質《せいしつ》がふつうの金属《きんぞく》とは違いながら、ちゃんと電気が流れる半金属です。

葉のギザギザのケイ素は、性質《せいしつ》の違う物質の組み合わせですが、触《さわ》るものを攻撃《こうげき》するには効果的《こうかてき》です。ササやススキなどはこの硬《かた》い葉によって、虫や動物《どうぶつ》から、身を守《まも》っているのではないかと考えられています。それでも人間は負《ま》けずにイネを刈って食糧《しょくりょう》にしています。

ところで、この硬い葉はイネが姿勢《しせい》を保《たも》つのにも役立《やくだ》ってます。イネはぴんと上を向《む》いて、まっすぐに立っていますが、このような姿勢をとるには、硬い葉っぱの縁で、体を支《ささ》えることが重要《じゅうよう》です。タンポポの葉を想像《そうぞう》してみてください。形はギザギザしていて手触りは硬いのですが、手が切れることもありませんし、イネの葉とはまったく違って、ふつうの植物《しょくぶつ》らしいしなやかな柔軟性があり、ピンと立つのは無理《むり》なのがわかるでしょう。まっすぐツンツン伸《の》びているイネは、狭《せま》い場所《ばしょ》にたくさん生えても隣《となり》のイネのじゃまをしません。一方のタンポポは平《ひら》たく地面に葉を広げてしまうので、一つのタンポポが占《し》める場所が大きくなります。しかし、そのおかげで、太陽《たいよう》の光をその葉に十分受《う》け止め、また低《ひく》く這《は》うことで踏《ふ》まれても簡単《かんたん》に折《お》れません。それぞれ生きるための異《こと》なる工夫《くふう》ですね。

ギザギザの部分の細胞の硬い細胞壁は、長いあいだ土中に分解《ぶんかい》されないまま残《のこ》ります。そのまま化石《かせき》になることもあります。石やガラスの仲間《なかま》だと思えば、なるほどと思えます。多くの植物は枯《か》れればすぐに微生物に分解されて土にかえることを考えると、やはり、とても珍《めずら》しい葉だといえるでしょう。

かなさんの答え　ササの葉が痛いのは、葉の縁《ふち》に硬い細胞の壁を持つギザギザがあるから。細胞壁の材料には、生き物には珍しく半金属のケイ素が入っている。

ふうまさんの答え　ほかのイネ科の植物も同じようなギザギザのついた葉っぱを持っている。

ササの葉のふち

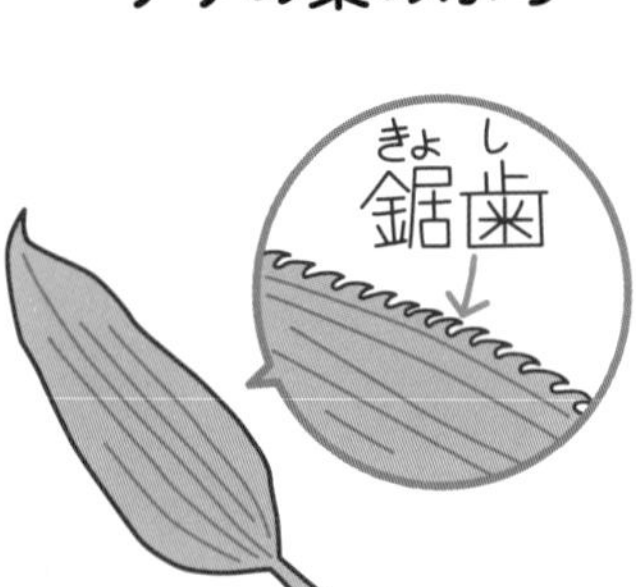

アサガオの花は朝がわかって開《ひら》き始《はじ》める。アサガオのどこが朝を感《かん》じているの？

れいじさんは今年の夏休みもアサガオの実験《じっけん》をすることにしました。去年《きょねん》は、花が開き始める前から、5分ごとに写真《しゃしん》を撮《と》って、その変化《へんか》を調《しら》べましたが、今年は、何が花を咲《さ》かせる引き金になるのかを調べてみたいと思ったからです。

「このつぼみはきっと明日の朝開くな。去年調べたときには、太陽《たいよう》が出る前に開き始めたから、どうして朝が来るのがわかるのか不思議《ふしぎ》だったんだ。月や星かとも思ったけど、毎日のように花は咲いていたから、毎日出る時刻《じこく》が変わる月の位置《いち》は関係《かんけい》ない。曇《くも》りで星が見えない日も咲いたから、星でもない。ううん……。」

考え込《こ》んでいると、妹の、りこさんがベランダに出てきました。二人の家のベランダから向《む》こうの山に日が沈《しず》むところが見えます。

「山にお日様《ひさま》の端《はし》がかかった。今日の日の入りは18時20分……っと。やっぱり山の高さの分だけ、調べたのより早いなあ。」そんなことを言いながら、りこさんはノートを取っています。

「りこは太陽の動《うご》きを調べているのか。」

「そう、日の出は家から見えないけど、日の入りは見えるから、日の入りを見た日は時間も記録《きろく》しておくの。お兄ちゃんはアサガオが咲く時間を調べてるの？　アサガオは早起《はやお》きね。私《わたし》なんか、日の入りに眠《ねむ》ったとしても、明日の朝、お日様がしっかり出てからでないと目が覚《さ》めないと思う。」

りこさんはそんなことを言って笑《わら》っています。れいじさんはりこさんの言葉《ことば》にふと気がついたことがありました。日の入りがきっかけとなり、決《き》まった時間が過《す》ぎてから花が開くのなら、太陽が昇《のぼ》るちょっと前に開き始めることができます。そんな予測《よそく》を立てて、アサガオの育《そだ》て方の本を調べてみました。

『アサガオは、朝になったから咲くというわけではなく、開花《かいか》前日の光がなくなってから、一定の時間が過《す》ぎると咲きます。一般《いっぱん》にその長さは種類《しゅるい》によって少し違《ちが》いますが、前日に太陽が沈んでから、およそ9〜10時間後くらいです。たとえば、日没《にちぼつ》が19時（夕方の7時）だとすると、次の日の日の出の頃《ころ》、朝の4〜5時頃には咲き出すことになります。室内に鉢《はち》が置《お》いてあって、日没後も明るいと、開花は遅《おそ》くなります。』

「え、ほんと？」

　自分の予測が当たっていたので、うれしかったれいじさんでしたが、そこまで読んで驚《おどろ》きました。つぼみが明るいところにあると咲くのが遅れるというのです。

「本当かなあ。試《ため》してみよう。まず、開きそうなつぼみがつくまではふつうに外に置いておこう。そして、同じ日に咲きそうなつぼみができたら、一つの鉢はそのままベランダで、もう一つの鉢は明るい部屋《へや》に夜の9時頃まで置いておいて、それからベランダに戻《もど》そう。そうすれば違いが比《くら》べられるはずだ。9～10時間後だから、部屋に置いた鉢は翌朝《よくあさ》の6時か7時に咲くかなあ。逆《ぎゃく》に、早く暗《くら》くしたらどうだろう。お昼の12時頃に暗い部屋に入れてしまったら、夜の9時とかに咲くのかな？」

そんな実験の計画を立てたれいじさんは、何度《なんど》か実験をくり返して、同じような結《けっ》果《か》になるかを試してみました。

さあ、結果はどうだったでしょうか。機会《きかい》があったら、実際《じっさい》に実験して試してみるとよいでしょう。

れいじさんのアサガオは、どの場合も暗くしてから概《おおむ》ね9時間後に開きました。本にはほかにも開花についてとか、つぼみやタネのでき方などが書いてありました。

『アサガオはつぼみの下のほうの白い部分《ぶぶん》で夜を感じているようです。花の中心の白いところには、植物《しょくぶつ》が息をしている気孔《きこう》という小さな穴《あな》がたくさんあります。暗いと気孔が開き、連動《れんどう》して水が上がってきてつぼみが開くという報告《ほうこく》があります。アサガオの花は水分がとても多く薄《うす》いので日差《ひざ》しが強く暑《あつ》い昼間には水が簡単《かんたん》に蒸発《じょうはつ》してしまい、すぐしぼんでしまいます。開花には時間のほかにも気温が関係します。気温が低《ひく》くなってくると、開花する時刻が早まり長く咲いています。

アサガオは夜が長くなってくるとつぼみをつけやすくなりますから、8月になると盛《さか》んにつぼみをつけるようになってきます。アサガオのつぼみは日照《にっしょう》時間《じかん》が短《みじか》くならないとつかないので、一晩中《ひとばんじゅう》、街灯《がいとう》が当たるところでは花ができにくくなります。ところで、アサガオの花は、開花する前の夜に、花の中のめしべやおしべが急《きゅう》に成《せい》長《ちょう》します。おしべはこのときにめしべを追《お》い越《こ》す長さになります。追い越すときに、自分の花の中で受粉《じゅふん》すると考えられています。だから、あまり虫のいないマンションの高いところでもタネが実《みの》るのです。』

れいじさんはアサガオの不思議を読みながら、植物がとてもうまく光を利用《りよう》していると感《かん》じました。植物は動き回りませんから、動物ほど多くのエネルギーを必要《ひつよう》とせず、太陽の光と水を利用して光合成し、自力で養分《ようぶん》を作ります。つぼみを作ったり、開花したり、葉を出したり、落《お》としたりするのも、太陽の位置や日照の長さを感じる仕《し》組《く》みを持《も》っているからです。動物である人とはまったく違うやり方で、取《と》り巻《ま》く環《かん》境《きょう》を利用している植物を、人は栄養源《えいようげん》として、酸素《さんそ》を出す貴重《きちょう》な存在として活用し、また、共存もしているのだなと思いました。

問い チューリップは朝、花が開いて夕方閉《と》じる。でも、寒い日はなかなか開かない。1日気温が上がらないとほとんど開かない。チューリップは太陽のあるなしで開花したり閉じたりしていると言えるかな？

答え 言えない。朝開いて夕方閉じるのは、日照時間だけでなく昼間の気温が上がるからでもある。寒いと開かないのであれば、太陽だけにしたがって開花しているわけではないことがわかる。

4

理科で香《かお》りと味《あじ》をとぎすます

アイスクリームは溶《と》けたほうが甘《あま》く感《かん》じるのはなぜ？パティシエみたいに作りたい！

ようさんの小さい頃《ころ》の夢《ゆめ》はケーキ屋《や》さんでした。今はほかのこともしたいのですが、それでも、洋菓子《ようがし》を作るパティシエにも憧《あこが》れます。今日は、いつも行く科学館《かがくかん》でアイスクリームを作る体験《たいけん》をさせてくれるというので楽しみに来ました。

「へええ、フローズンヨーグルト？　要《よう》するに、ヨーグルトのアイスを作るのか。ヨーグルト1カップに牛乳《ぎゅうにゅう》2分の1カップを入れて混《ま》ぜて、そこに砂糖《さとう》も2分の1カップ入れて混ぜて、レモンをたらしてそれだけでいいの？」

ようさんが冷凍庫《れいとうこ》で冷《ひ》やすのかと思っていると、そこは科学館の催《もよお》しらしく、おもしろい冷やし方を教えてくれました。大きななべに氷《こおり》をたくさん入れ、氷の量《りょう》の3分の1ほどの塩《しお》を入れてかき混ぜ、0度《ど》よりずっと冷《つめ》たい氷水を作るのです。

「氷はまわりから熱《ねつ》をうばって0度で溶けて、水になっていくけど、そこに塩が入ると、氷をふつうよりずっと速《はや》く溶かすから、まわりの熱もどんどんうばわれて、0度以下《いか》になっちゃうのか。その上、塩が水に溶けるときも、まわりから熱をうばう。二段階の「溶ける」で温度を下げる。塩水は0度では凍《こお》らないから、塩入りの氷水のままでマイナス20度以下《いか》になるんだって？　へえ、すごい、簡単《かんたん》冷凍庫！」

説明《せつめい》のプリントを読みながら、ようさんは金属《きんぞく》でできたボウルに混ぜた材料《ざいりょう》を入れ、塩と氷を入れたなべで冷やしながらスプーンでぐるぐるとかき回しました。分厚《ぶあつ》い軍手《て》で手を保護《ほご》していても、ボウルは冷たく感じます。ヨーグルトはだんだん、みぞれのようになってきて、やがて柔《やわ》らかめのアイスになったところで食べてみました。

「おいしいな。成功《せいこう》、成功。甘さ控《ひか》えめでちょうどいい。今度は果物《くだもの》も入れてみたいな。やっぱりお菓子《かし》を作るのは楽しいよ。理科もこういう実験《じっけん》ばっかりだといいな。」

そんなようさんに指導員《しどういん》の先生が話しかけてきました。

「甘さはちょうどいいかい。」「はい、おいしいです。」

「溶けてしまうと、甘くなるから、冷たいうちに食べてね。」

そう言われて、もちろん残《のこ》す気などなかったようさんでしたが、不思議《ふしぎ》なので少しだけ別《べつ》にして溶かして食べてみました。

「あれ、本当だ。甘い。さっきのさっぱりした味《あじ》よりずっと甘くなっている。砂糖を足したわけじゃないんだから、アイスクリームが溶けたせい？　溶けると成分《せいぶん》が変《か》わるのかな。それとも、舌《した》の感《かん》じ方が変わるのかな。」

自分の小さな実験《じっけん》と、考えたことを伝《つた》えると、指導員の先生が説明してくれました。

「人の舌は温度《おんど》によって味《あじ》の感じ方が違《ちが》います。人の舌には、食べ物《もの》の味を感じる小さなポツポツが約《やく》1万個《こ》あり、これを「味覚芽《みかくが》」と呼《よ》びます。「味の蕾《つぼみ》」と書いて「味蕾《みらい》」ともいいます。味覚芽は温度が20度から40度あたり、つまり、体温に近い温度でよく働《はたら》くので、人はそのぐらいの温かさのものの味を強く感じます。その上で味の違いで比《くら》べてみると、甘味《かんみ》はこの温度の幅《はば》よりも、高い温度で感じやすく、逆《ぎゃく》に塩味《えんみ》や苦味《にがみ》は、低《ひく》い温度でよく感じられます。」

つまり、甘い味は温度が低いと感じにくいのだとようさんは理解《りかい》し、なるほどと感心しました。

「ということは、アイスみたいに冷たい食べ物を、温かい温度で感じたのと同じくらいに、甘く感じさせるためには、かなり余分《よぶん》な砂糖が必要《ひつよう》になるんですね。」

「そうそう、今日も、ふつうにヨーグルトを食べるときより、多めに砂糖を入れているでしょう。冷たくて、甘くて、おいしいアイスクリー

ムや、ジューススタンドのフレッシュジュースは、温まると甘すぎると感じるものですよ。ところで、人が感じることができる味は、何種類《なんしゅるい》あるか知っていますか？」

指導員の先生のクイズにようさんはいろんな味を思い出してみました。

「甘味と塩味でしょう。それから……あ、酸《す》っぱい酸味《さんみ》、苦味《にがみ》もあるな。4種類！」

「よくできました。料理を考えるときなどには、それに、うまみを加《くわ》えて5種類とすることもあります。」

コラム

味は舌のどこで感じるか考えたことがありますか。昔は、甘味は舌先、酸味は舌の両脇《りょうわき》、苦みは舌根《ぜっこん》で感じられると考えられていました。しかし、最近《さいきん》の研究では、各《かく》種《しゅ》の味を受《う》け取る細胞《さいぼう》が、舌に散《ち》らばる「味蕾」の一つ一つに含《ふく》まれていることがわかりました。つまり、舌はすべての場所《ばしょ》で、すべての味を感じているようなのです。とはいえ、舌の部分によっては特定《とくてい》の味を感じやすいという研究もあり、人がどうやって味を感じているかはまだまだ不思議《ふしぎ》が残っています。

ケーキやパンが ふっくらふくらむのはなぜ？ 失敗《しっぱい》するとしぼむのも不思議《ふしぎ》。

まおさんの問《と》い　ケーキがふくらむのはなぜ？　パンがふくらむのも同じこと？

らんさんの問い　オーブンから出すとしぼんでしまうケーキがあるのはどうして？

空気や水、鉄《てつ》など、この世《よ》の中のものには三つの状態《じょうたい》（物質《ぶっしつ》の三態）があります。一つ目は空気のような気体、二つ目は水のような液体《えきたい》、それから三つ目はしっかりした形がある固体《こたい》です。

水はみなさんが知っているように、温度《おんど》が変《か》わると状態が変化《へんか》します。ふつうの温度では水で、温度が高いと蒸発《じょうはつ》して水蒸気に、温度が下がると凍《こお》って氷《こおり》になります。

これは水の粒《つぶ》（水分子）の動《うご》き方で決《き》まっていて、その粒が自由《じゆう》に飛《と》び回っているのが気体、しっかり手をつないでおとなしくしているのが固体、その中間が液体です。

　ほかのすべての物質も、三つの状態になります。どの温度で状態が変わるかは物質によって違《ちが》っていて、身《み》のまわりの温度で、三つの状態を全部《ぜんぶ》見ることができるものは多くありません。たとえば、日常《にちじょう》使っている固体の鉄は溶鉱炉《ようこうろ》で溶けて液体になります。１５００度《ど》くらいという高温です。気体になるのはさらに３０００度という高温です。一方で、ふつうは気体の酸素《さんそ》が液体になるのはマイナス１８０度くらいで、固体になるにはマイナス２２０度くらいです。私《わたし》たちが暮《く》らす温度では、多くのものが、三つの状態のうちのどれかでいることが多くなります。

　さて、固体と液体は目に見えるので身近《みぢか》に感《かん》じるのですが、気体は色がついていなければ見えません。たとえば空気は窒素《ちっそ》や酸素、二酸化炭素《にさんかたんそ》などが混《ま》ざっている気体ですが、混ざっていることもわからなければ、その存在《そんざい》も意識《いしき》しないと気がつきません。しかし、風が吹《ふ》いてきたときや、ビニル袋《ぶくろ》を閉《と》じてふくらみが残《のこ》るときなどに、見えない空気の姿《すがた》を感じます。

ところで、風船に息《いき》を吹き込《こ》むとどんどんふくらみます。潰《つぶ》そうとして押《お》しても中にある気体のせいで、外側《そとがわ》のゴムが破裂《はれつ》しない限《かぎ》り、形は変わっても潰れることはありません。ケーキやパンをふくらませる気体も、風船と同じことです。ケーキやパンの切った面《めん》を見ると小さな穴《あな》がいっぱいあります。生地《きじ》に混《ま》ざっている材料《ざいりょう》が変化するとどんどん気体が出てきます。発生《はっせい》した気体を閉《と》じ込《こ》める風船の代《か》わりをするのが、伸《の》び縮《ちぢ》みが可能《かのう》なネバネバした生地です。ケーキの生地に入っているベーキングパウダー（炭酸水素ナトリウム）は、熱《ねつ》を加えると、気体の二酸化炭素が発生します。また、パンは１６７ページでもお話しするように、イースト菌《きん》という発酵《はっこう》して二酸化炭素を出す微生物《びせいぶつ》を使います。ケーキもパンも二酸化炭素でふくらんだ無数《むすう》の風船の集《あつ》まりのようなもので、火が通るとそのままの形で固まります。固まるまでにどれだけふくらむかで、パンやケーキの出来が決《き》まると言えるでしょう。柔《やわ》らかくて破《やぶ》れにくい生地を作らないと、せっかく発生する気体も閉じ込められずに逃《に》げてしまいます。

一つ一つの気泡《きほう》が十分にふくらんだ風船になれば、ふかふかのおいしい仕上《しあ》がりになります。

焼《や》き上がってオーブンから出したとき、パンよりもケーキのほうがしぼみやすいのは、二酸化炭素のでき方の違いによります。パンはイースト菌の発酵で時間をかけてふくらませて、ふっくらした形ができ上がってから焼いて固めるので、だいたいそのままの形で仕上がります。一方のケーキは焼きながら気体を発生させるので、せっかくふくらんできたのに、しっかり火が通って固まる前に、オーブンのふたを開《あ》けて冷たい空気に触《ふ》れてしまうと、気体が冷《ひ》えて、気泡がしぼんでしまいます。それ以上《いじょう》は二酸化炭素が出てこないので、二度とふくらまないで、失敗作になってしまいます。

まおさんの答え　どちらも気体の二酸化炭素でふくらむ。気体のでき方はケーキとパンで違う。

らんさんの答え　ケーキはふくらんだ生地に火が通って固まる前にオーブンを開けて冷たい空気に触れると、気体のかさが減り、気泡がしぼんで、ふくらまなくなる。

見たこともない色のお好《この》み焼《や》き、どうやって作ったと思う？アツアツのお好み焼きにかつお節《ぶし》をのせるとどうして踊《おど》るの？

お腹《なか》が空《す》いたいまりさんは、お父さんにお好み焼きを作ってとねだりました。お父さんは冷蔵庫《れいぞうこ》の中を見て「ううん、まあ、いいか。」と、何だか変《へん》なことを言います。

「なあに？　卵《たまご》がないの？」

「いや、卵はあるんだけど、キャベツがね、サラダに使《つか》った紫《むらさき》キャベツしか残《のこ》ってない。まあ、同じキャベツだから問題《もんだい》ないでしょ。」

そう言って、お父さんはキャベツを切り始《はじ》めました。いまりさんが見ていると、まな板《いた》がだんだん紫色に染《そ》まってきます。お好み焼きにして大丈夫《だいじょうぶ》でしょうか。

粉《こな》や卵を入れて、お父さんはフライパンで生地《きじ》を焼き始めました。お手伝《てつだ》いをして、いまりさんがまな板を洗《あら》おうと、手を石けんで洗っていると、まな板の紫色に石けんが飛《と》んで、そこだけがなんとも不思議《ふしぎ》な青緑色《あおみどりいろ》になってしまいました。

「お父さん、変なことになったよ。前に、ブルーベリージャムが付《つ》いちゃったハンカチを洗おうとして、こんな風になったね。」*

「おや、すごい色だね。そうそう、よく覚《おぼ》えていたね。紫キャベツの色も石けんに出会うと青っぽくなるんだ。」

「レモンでピンクになるんでしょう。リトマス試験紙《しけんし》で習《なら》ったよ。」

いまりさんは、酸性《さんせい》とアルカリ性《せい》の実験《じっけん》のことを思い出しました。

「そうだ、お父さん、卵の白身《しろみ》もアルカリ性なんでしょう。お友達《ともだち》が、夏休みの自由《じゆう》研究《けんきゅう》で、白身にブルーベリージャムを混《ま》ぜて、青緑色の目玉焼きを作っていたよ。」

それを聞いて、お父さんは思わず笑《わら》いました。

「おもしろい自由研究をした子がいるね。ところで、今気がついちゃったんだけど、紫キャベツに卵を入れてお好み焼きを作っているから、これは、もしかして……。」

途中《とちゅう》で、言葉《ことば》を飲《の》み込《こ》んで、ふたをしたフライパンをお父さんはじっと見ました。

いまりさんも「あっ！」と声をあげました。やっぱり気がついてしまったんです。

だって、紫キャベツと卵の白身が出会ったら……。

「わあ、お父さん、気持《きも》ちの悪《わる》い色のお好み焼きになってるよう！」

「においはおいしそうだけど、なかなか迫力《はくりょく》のある青緑色のお好み焼きだね。」

二つの物質《ぶっしつ》が出会って性質が変《か》わることを「反応《はんのう》」と呼びます。紫キャベツの色のもとである「色素《しきそ》」は石けんと反応して青緑色になりました。紫キャベツやブルーベリーの青紫色は、アントシアニンという色素の色です。

アントシアニンの反応にビックリしたいまりさんでしたが、お腹《なか》が空いていたので、お好み焼きを食べることにしました。かつお節をいっぱいかけてしまえば、色は目立たなくなります。アツアツのお好み焼きにかかったかつお節は、ひらひらと踊っています。

「踊るのはアツアツの証拠《しょうこ》って、この間お母さんが言っていたけど、どうして？　冷《さ》めるとべたっとなっちゃうよね。熱《あつ》い湯気《ゆげ》が上がっているから、蒸気《じょうき》の風に吹《ふ》かれるのかな。」

「うん、それも少しはあるだろうけど、これは薄《うす》く削《けず》ったかつお節じゃないと踊らない。粉《こな》のようになっていると踊らないんだ。風に吹かれるなら、粉でも舞《ま》い上がると思わないかい。」

　お父さんの言葉に、それもそうだなと思ったまりさんです。

「でも、かつお節を何ものっていないお皿《さら》の上に置《お》いても踊らないよ。冷えたお好み焼きでもだめだよ。だとしたら、湯気が原因《げんいん》だと思うんだけど。」

「そうだね。湯気が上がっているのが原因なんだけれど、かつお節は薄く、幅《はば》広く、長いもののほうがおもしろく踊るよ。かつお節は乾燥《かんそう》しているから、湯気から水分をもらうと伸《の》びるんだ。伸びていく間に、ゆらゆら上っていく湯気に動かされて、こんなふうに、楽しく踊るんだよ。これを外国の人に見せると、本当にびっくりする。」

「見慣《な》れてたって、やっぱり不思議だもんね。だから、かつお節が湿《しめ》っちゃうと、もう踊らないんだね。」

いまりさんとお父さんは、色はすごいけれど、かつお節がいっぱいのったお好み焼きをおいしく食べました。

問い 青緑色の紫キャベツのお好み焼きに、お酢《す》をかけたらどうなる？

答え ちょうどよくかけると青緑色が消《き》えて、紫に戻《もど》る（かける量によって色が変わり、少ないと青緑色がかったままで、多いとピンクになる）。

＊ブルーベリージャムの色変わりについては第《だい》4巻《かん》の87ページを参照《さんしょう》

ゆず、かぼす、すだち、レモン、だいだい、夏みかん、みかん。みんな似《に》ているのに香《かお》りが違《ちが》う。香りはどこからするの？

そうじさんの家は昔《むかし》からの庭《にわ》があって、ゆずや夏みかんなどいろんな種類《しゅるい》の柑橘類《かんきつるい》が一本ずつ植《う》わっています。どの木も初夏《しょか》に白っぽい小さい花をつけ、ビー玉みたいな小さな実《み》が大きくなって、冬になる頃《ころ》には実は緑《みどり》から黄色に変《か》わっていきます。

「あれがゆずで、こっちがかぼす、向《む》こうのがだいだいで……ゆき姉さんの後ろのがレモンだよ。」

そうじさんは、ゆきさんに木の種類を教えています。ゆきさんはお母さんの歳《とし》のはなれた妹で、そうじさんのおばさんにあたります。小さい頃からお姉さんみたいに遊《あそ》んでくれたので、おばさんと呼《よ》ばずにゆき姉さんと呼んでいます。

「灯籠《とうろう》のほうにはみかんも夏みかんもあった。香りを比《くら》べるのが楽しみだわ。」

ゆきさんは大学で植物《しょくぶつ》の香りの研究《けんきゅう》をしています。そうじさんはゆきさんに言われて、初めてあることに気がつきました。

「そうか、全部《ぜんぶ》みかんの仲間《なかま》みたいな木なのに、味《あじ》と香りがまったく違ってるんだ。食べるときは夢中《むちゅう》で、そんなこと考えたことがなかったな。みかんと夏みかん以外《いがい》は、すっぱくて、食べるというより料理に使《つか》ってるけど、そういえばそれぞれの香りの違いを生かしている。サンマにはすだち、お雑煮《ぞうに》にはゆず、ケーキにはレモンとか。」

「ええ、どれも皮《かわ》の色や大きさは違うけれど、丸い形はよく似ている仲間ね。香りがさわやかなところはいっしょだけど、違いがはっきり区別《くべつ》できるでしょう。みかんの仲間は香りが主《おも》に皮に入っているから、皮を傷《きず》つけると香りがたつの。」

ゆきさんはかたわらの木に枝《えだ》をしならせて実《みの》っている黄色いレモンを、一つ握《にぎ》りました。傷つけるほどでもなく、少しだけ指《ゆび》に力を入れてレモンの表面《ひょうめん》をこすっただけでしたが、そうじさんの鼻先《はなさき》に差《さ》し出された指からは爽《さわ》やかな香りがしています。

「皮の中にあるちょっと透明感《とうめいかん》のある粒々《つぶつぶ》は油胞《ゆほう》と言って、ここに香りの元になる精《せい》油《ゆ》が入っているのよ。油胞が割《わ》れると香りがパッと立つの。」

「そういえば、皮の粒々はみかんにもあるね。ほかの実にもあるはずだね。皮の粒々を潰《つぶ》せば、ゆずはゆず、だいだいはだいだいの香りがするんだね。」

　そうじさんはそれぞれの木から、一つずつ実を集《あつ》めてきて並《なら》べてみました。

「かぼすの皮にも粒々が見える。ちょっと爪《つめ》で潰してみよう。うわ、すごく香る。だいだいは……。」

　みかんの仲間の実の皮に油胞があり、それを潰すとそれぞれの実に独特《どくとく》の香りがたつことを確《たし》かめたそうじさんは、満足《まんぞく》そうです。

「実験《じっけん》は予想《よそう》通り。ゆき姉さん。精油っていうからには、油の仲間なの？」

「そう。だから皮に火をつけるとジリジリ焼けるのよ。精油の中にはいろいろな香りの成分《せいぶん》が十種類以上も溶《と》け込《こ》んでいるのよ。」

「種類によって香りが違うってことは、香りの成分の種類や量《りょう》が違うってことだよね。でも、どれも、柑橘類だなぁって感じる香りだから、共通《きょうつう》の成分もあるんだよね。それはどんなものなの。」

「共通な成分の一つはリモネンで、これは洗剤《せんざい》の宣伝《せんでん》に書いてあったりするから、聞いたことがあるでしょう。リモネンにはおもしろい性質《せいしつ》があって、発泡《はっぽう》スチロールにリモネンをかけると、溶《と》けて縮《ちぢ》むの。材料《ざいりょう》のポリスチレンとリモネンの分子の造《つく》りが似ていて、混《ま》ざりやすいので溶け出るのよ。」

　それを聞いたそうじさんは、さっそくレモンの皮で試《ため》してみました。本当に、レモンの皮を潰して発泡スチロールに押《お》し付《つ》けると、へこんでしまいました。

「レモンの香りはシトラールという成分が大きな役割《やくわり》を果たしているのよ。ゆずはとても複雑《ふくざつ》で、いくつもの香りの成分が合わさって、あのゆず特有《とくゆう》の香りになっているようなの。その中でも特《とく》に最近《さいきん》、ユズノンと名付けられた成分が重要《じゅうよう》な香り成分の一つではないかと注目《ちゅうもく》されているわ。」

「香りってすごく複雑《ふくざつ》で不思議《ふしぎ》だね。それにしても、ぱっと広がって、鼻に入ってくるんだから香りの成分って油胞から飛《と》び出すと気体になるの？　天ぷらの料理をしているときにおばあちゃんに聞いたけど、油って、温度が高くなると蒸発するんだって。でも、これは、温度は高くないし……。」

そうじさんの疑問《ぎもん》に、ゆきさんはたしかにそうねとうなずきました。

「天ぷら油はそうじ君の言う通り高温にならないと気体にならない。でもガソリンなんかは、常温《じょうおん》で気体になるでしょう。香りは低温でも蒸発する揮発性《きはっせい》の分子なの。香りの分子の元は水素《すいそ》と酸素《さんそ》と炭素《たんそ》がほとんど。あとちょっとだけ窒素《ちっそ》と硫黄《いおう》が入ることもある。そんなわずかな材料なのに、組み合わせや形の違いで、香りの分子は40万種類もあるのよ。」

「そんなにあるんだ。ゆき姉さんのやってる研究って、大変《たいへん》だね。」

問い　グレープフルーツやオレンジにも皮に油胞があるかな。

答え　ある。皮を潰して油胞の中の精油が出るとそれぞれの特徴《とくちょう》ある香りがする。

お店に売っている肉や魚の切り身《み》、本当はどこを食べているの？ 玉ねぎ、大根《だいこん》、じゃがいもは野菜《やさい》の茎《くき》なの、根《ね》なの？

こうきさんの問《と》い　肉や魚は切り身になって売っているから、本当はどこを食べているのかピンとこない。ちゃんとわかって食べたほうが、食べ物《もの》を大切にするような気がする。

あけみさんの問い　玉ねぎ、にんじん、大根、じゃがいも……野菜のどこを食べているのかしら。落花生《らっかせい》なんか、実《み》だと思っていたら土の中にできて、だから根かと思ったら、やっぱり花の後にできる実だったなんて、変《へん》な植物《しょくぶつ》もある。

スーパーマーケットに買い物に行ったり、ネットで食材《しょくざい》を検索《けんさく》したりしていると、肉や魚はどれもすぐに調理《ちょうり》できる大きさや形に切られているので、もとの形がよくわかりません。試《ため》しに冷蔵庫《れいぞうこ》に入っている肉や魚を見てみましょう。たとえば、焼肉用《やきにくよう》の牛肉のパック。カルビとかロースとかハラミとかに分かれていたり、セットになっていたり。

さあ、これはもともと牛の、どこの部位《ぶい》なのでしょうか。

それを考える前に、まず食べ物がなぜ必要《ひつよう》かについて振《ふ》り返《かえ》っておきましょう。

ＳＤＧｓ《エスディージーズ》の目標《もくひょう》には「飢餓《きが》をゼロに」というものがあります。食べるものがないことは、死《し》につながります。その理由《りゆう》は、私《わたし》たち動物《どうぶつ》は生きるためのエネルギーを自分で作り出すことができないからです。

植物《しょくぶつ》は光合成《こうごうせい》といって、光と水と酸素《さんそ》を利用《りよう》して生きるために必要な物質《ぶっしつ》を作ります。植物は光のエネルギーを体に必要な化学《かがく》エネルギーに変換《へんかん》する能力《のうりょく》を持《も》っているのです。

私たち動物は、自分の体を動《うご》かし続《つづ》けるための化学エネルギーを外から取《と》り込《こ》まなければなりません。それが「食べる」という活動です。私たちは食べ物を消化《しょうか》し吸《きゅう》収《しゅう》することで、食べ物が蓄《たくわ》えていたエネルギーになる物質を自分の体に取り込む能《のう》力《りょく》を持っています。小学校で人の体のつくりを学びますが、それは体のどこで、食べ物から必要な物質を取り出し、取り込んでいるかという、動物である「人」が「生きていられる理由《りゆう》」を知ることにほかなりません。

人が生きる上で必要な物質である有機物《ゆうきぶつ》は、石や岩には含《ふく》まれておらず、生き物にしか含まれていません。そのため、人はほかの植物や動物を食べ物とします。

牛肉のパックの話に戻《もど》りましょう。牛肉ですから、もとはもちろん牛です。牛は牛乳《ぎゅうにゅう》を取るために飼《か》われる乳牛と、肉を利用するための肉牛がいます。肉牛は体のほとんどの部分を、無《む》駄《だ》なく食用にします。インターネットで検索すると、たとえばカルビがあばら骨《ぼね》のまわりの肉であることや、ロースが背中《せなか》の

牛肉の部位

肉のうちの肩《かた》や腰《こし》に近い部分《ぶぶん》であることがわかるでしょう。タンは舌《した》、テールはしっぽですから、ほぼすべての部分の肉を食べています。

魚の切り身はどうでしょうか。牛や豚《ぶた》や鳥などより、もっと、もとの魚を思い出せない人が多いのではないですか。ヒラメとタラのパックの切り身は、どちらも白身魚でなんとなく見た目が似《に》ています。では、もとの姿《すがた》を調《しら》べてみてください。驚《おどろ》くほど違《ちが》う格好《かっこう》をしていませんか。私《わたし》たちは、切り身はそのまま調理し、身をとった後に残《のこ》る骨などのアラは、おいしい出し汁《じる》を取ったりと、魚もなるべく無駄なく全体《ぜんたい》を活用します。

人にとって重要《じゅうよう》なもう一つの食べ物である植物は、種類《しゅるい》によって食べやすい部位《ぶい》があります。

地上に育つ植物は茎《くき》や葉《は》、花や実のどこを食べているかは割《わり》とわかりやすいでしょう。しかし、地面《じめん》の下にできる野菜である「根菜《こんさい》」には、根っこが太くなったものと、地中に伸《の》びた茎である地下茎《ちかけい》が太くなったものがあります。また、その間のようなつくりの野菜や、地下の茎につく葉に似た野菜もあります。少しずつ違《ちが》いはありますが、どれも、地下の決《き》まった部分に、葉っぱで作った栄養《えいよう》をため込んでいることは同じです。

大根、にんじん、ごぼうやサツマイモは根が太ってできたものです。ジャガイモやサトイモは地下茎が太ったものですから茎を食べています。同じイモでもでき方はさまざまです。玉ねぎは地中の茎に巻《ま》きついた葉の根元が太ってできた球根《きゅうこん》です。地中でできるおもしろい食べ物には落花生があります。地上で花が咲《さ》いたあと、地中に入ってさやが育ち、実になります。収穫《しゅうかく》するときは根っこを抜《ぬ》いているように見えます。

昔《むかし》の人は、自分が食べているものの姿を、今の人よりもずっとよく知っていました。何を食べるために殺《ころ》し、自分がどうやってそれを食べているかを知っていて、無駄にしないように工夫《くふう》し、感謝《かんしゃ》して大切にしてきました。そうしないと、食べ物は簡単《かんたん》に足りなくなったり、手に入らなくなったりしました。それは、死《し》に直結《ちょっけつ》します。

しかし、今も、地球《ちきゅう》上の三分の一近い人々が、食料に不《ふ》安《あん》を抱《かか》えています。自分が食べているものをきちんと知って、無駄なく、大切に使いましょう。さらに、周囲《しゅうい》でもったいないことを見つけたら、どのようにしたら、それをなくすことができるのかを考え、みんなと協力《きょうりょく》して考えを実行《じっこう》してみましょう。

こうきさんの答え　もとの動物の名前と部位をキーワードに調べてみると、どこを食べているのかがわかる。何を食べているのかがわかって利用すると、食べ物を大切に思えるし無駄にしにくい。

あけみさんの答え　根菜は、地中に栄養をためている根や茎、球根などを食べている。

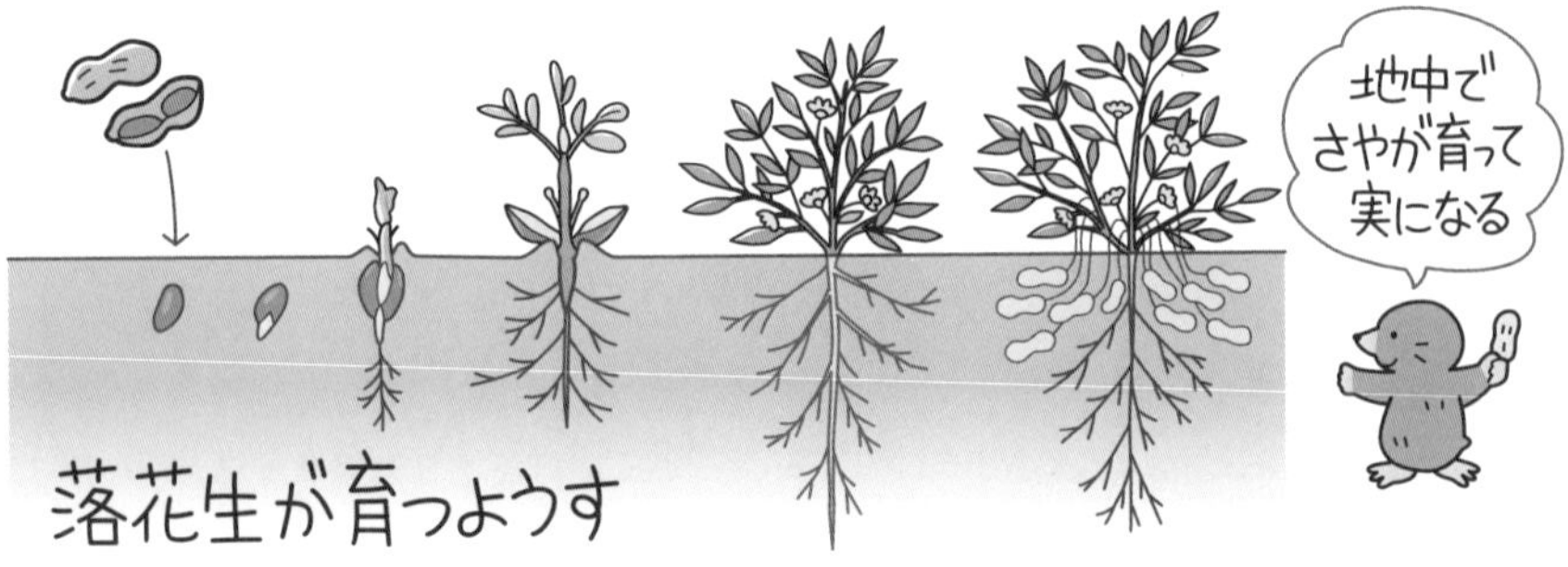

落花生が育つようす

毎朝、焼《や》きたてのクロワッサン。ふっくらパンはどうしてあんなに大きくふくらむの？

パンが大好《だいす》きなりりかさんの朝はパンで始《はじ》まります。月曜日はクロワッサン、火曜日はトースト、水曜日はバタールといったように、いろいろな種類《しゅるい》のパンを食べています。ジャムを塗《ぬ》ったり、サラダやベーコンエッグを添《そ》えたりもします。

「なんといっても、この香《こお》ばしいにおいが好き。ホットケーキとは違《ちが》うよね。でも、同じようにふっくら焼き上げてあるものなのに、小麦粉《こむぎこ》を使《つか》うところもいっしょなのに、どうしてこんなに違うのかな。」

今日はバターロールにハムを挟《はさ》んでかじりながら、りりかさんは首をかしげました。

「ホットケーキの材料《ざいりょう》は、小麦粉、砂糖《さとう》、卵《たまご》、牛乳《ぎゅうにゅう》にベーキングパウダー。熱《あつ》い温度《おんど》でベーキングパウダーが気体を出して、気泡《きほう》ができて生地《きじ》がふくらむのよ。パンはどうだったっけ？」

　気になり始《はじ》めたりりかさんは、小麦粉、砂糖、卵、バターは思い出せましたが、ふくらませるために何を入れたかがわからずに、お母さんに聞きました。

「イースト菌《きん》よ。」とお母さん。

「あ、そんな名前だった。前にママと手作りパンを作ったときに使った茶色い粒々《つぶつぶ》よね。ぬるま湯《ゆ》に入れて、ちょっとお砂糖を入れて、十分くらいでぶくぶく泡《あわ》が立ってきた。」

「そうよ。イースト菌は生きている菌だから、ぬるま湯に入れてふやかして、休眠《きゅうみん》状態《じょうたい》から活動《かつどう》を開始《かいし》させたの。お砂糖は菌のえさに入れたのよ。」

「え……？　菌なの？」

　りりかさんはびっくりしました。菌といったら、病原菌《びょうげんきん》とかばい菌とか怖《こわ》いイメージしかありません。

「菌って微生物《びせいぶつ》の菌のこと？」

「そうよ。もちろん。」

お母さんは何事《なにごと》もないように答えました。

「なんで菌を使うの？　食べて大丈夫《だいじょうぶ》なの？」

心配《しんぱい》そうなりりかさんに、お母さんは「ああそうか、ばい菌みたいに思っちゃったのね。」とほほえみました。

「大丈夫よ。リリちゃんは納豆《なっとう》が納豆菌でできることを調《しら》べていたじゃない。ヨーグルトに入っている乳酸菌《にゅうさんきん》もお腹《なか》の調子《ちょうし》を整《ととの》えてくれるし、カマンベールチーズの白いのも白カビって知っているでしょう。菌とかカビとか、嫌《いや》なイメージがあるけど、私《わたし》たちの食はたくさんの微生物に支《ささ》えられているのよ。イースト菌も大丈夫よ。」

「あ、そういえば、そうか。味噌《みそ》や醤油《しょうゆ》ができるのを麹菌《こうじきん》や酵母菌《こうぼきん》ががんばって助《たす》けてくれているんだった。」

りりかさんは夏休みにお父さんのふるさとに行ったとき、おばあさんが話してくれた味噌の作り方を思い出しました。麹も酵母もどれも微生物に違いありません。

「おばあちゃんが教えてくれたんだったわね。味噌作りを助けてくれる塩《しお》に強い麹菌とは種類が違うけれど、イースト菌は酵母菌のことよ。乾燥《かんそう》していても生きているから、とっておいて好きなときに使えて便利《べんり》な上に、ブドウ糖《とう》を分解《ぶんかい》して二酸化炭素《にさんかたんそ》という気体を作り出す力が強いの。パン生地の糖を分解して二酸化炭素を出すから、パンがふくらむわけ。」

シンクの片付《かたづ》けを終えたお母さんは、りりかさんの前に座《すわ》ってパンの本を出してくれました。基本《きほん》の作り方が写真《しゃしん》で載《の》っています。

「そうそう、ママと作ったときも、こんなふうにふくらんだ。パンは生地を練《ね》って形を作ってから、しばらく寝《ね》かしておいたら大きくなっていたけれど、あれはイースト菌が働《はたら》いて、二酸化炭素ができて、生地の中にいっぱい気泡《きほう》ができてふくらんだということだったんだ。」

「そうね。小麦に水を加《くわ》えてよくこねると、小麦に含まれるグルテンというタンパク質《しつ》によって粘《ねば》りが出て、よく伸《の》びるパン生地になる。だからでき上がってくる気体を次々《つぎつぎ》に内側《うちがわ》にため込《こ》んで気泡ができて、一つ一つの気泡が風船みたいにふくらむのでしょうね。さらにオーブンで焼くときは、その気泡の中の水分が蒸発《じょうはつ》して気体になるから、さらにふくれることになるわ。」

問い ブドウなどの果物《くだもの》や穀物《こくもつ》についている天然《てんねん》酵母《こうぼ》は、糖を分解してアルコールと二酸化炭素にする。イースト菌の代《か》わりにパン生地に入れるとふくらんでパンができる？

答え イースト菌と同じ働きをするからパンができる。天然酵母は、いろいろな果物などをもとに増《ふ》やしてパン作りに使っている。

ガムとチョコをいっしょに食べると、ガムが消《き》えるって本当？

あきのさんはこの話をテレビで聞いて、本当かなと思いました。

「試《ため》してみたらどうなの。夏休みの自由研究《じゆうけんきゅう》、何にしようかって、言っていたじゃない。」

お母さんに言われて、あきのさんは肩《かた》をすくめました。

「理科はあんまり好きじゃないから難《むずか》しいのは嫌《いや》だな。まあ、これは食べるだけの研究だからいいか。」

そこで、あきのさんは先生がくれた「自由研究のための手引き」というプリントを開《ひら》いてみました。

「ええと、まず、疑問《ぎもん》を持《も》つ。うん、持った。ノートにまとめないといけないから、もう、直接《ちょくせつ》書いちゃおう。『持った疑問：ガムとチョコをいっしょに食べると、ガムは本当に溶《と》けて消えるの？』と」

　そんなふうに、あきのさんはどんどん、ノートに書いていきました。続《つづ》きはこんな感《かん》じです。

『どうして疑問に思ったか：テレビで言っていたことが本当かなと思った。ガムはいくらかんでもなくならないものだから不思議《ふしぎ》だった。

目的《もくてき》：チョコといっしょに食べるとガムが消えるかどうか確《たし》かめる。

予想《よそう》：テレビで言った通りに消える。

用意《ようい》するもの：板《いた》チョコ1枚《まい》、チューインガム

やり方：ガムだけで食べて、消えないことを確かめる。次《つぎ》にチョコといっしょに食べてどうなるかを調べる』

ここまで書いて、あきのさんは顔をしかめました。

「なんだかつまんない実験《じっけん》。だいたい、目的《もくてき》が確かめるだけなのが退屈《たいくつ》なんだな。だって、実験してみても、テレビで言ってたのが正しかったってわかるだけで、何も新しいことがわからないんだもの。本当に消えるなら、どうして消えるのかくらい知りたいな。それが無理《むり》なら、チョコのほかにもガムを消せるものがあるのかとか……。」

そこで、あきのさんはさっきのページに大きくバツを付《つ》け、新しいページに実験の計画を修正《しゅうせい》して書き直しました。

『目的：チョコといっしょに食べるとガムが消えるかを確かめる。そして、チョコに入っている成分《せいぶん》を調べて、それに似《に》たものでほかにもガムを消せるものがないか見つける。

予想：テレビで言った通りに消える。ほかにも消せるものがある。チョコに入っているものに似ていれば消えると思うから。

調べて考えたこと：板チョコの包《つつ》み紙を見て、どんな成分が入っているのか確かめたら、砂糖《さとう》、カカオマス、植物油脂《しょくぶつゆし》、全粉乳《ぜんふんにゅう》、ココアバター、レシチン、香料《こうりょう》だった。

砂糖はガムにも入っているはずなので、消す力はないと思う。

カカオマスはカカオ豆《まめ》から作ったチョコレートのもと。ココアもカカオ豆からできているから、ココアで消えればこれが原因《げんいん》。

植物油脂とココアバターにはどちらも油分が含《ふく》まれている。ほかの油《あぶら》でも消えるかどうか確かめる。レシチンというのは、脂質《ししつ》の一種らしい。

香料はチョコによって違《ちが》うし、入っていないのもあるらしいから、ここでは関係《かんけい》ないと思う。』

「まずはチョコで消えることを確かめて、それから、油の仲間《なかま》で試してみよう。チョコの原材料にはないもので、食べられそうなものも試してみようかな。おもしろいものね。」

あきのさんはこんなふうに考えてから、実験方法《ほうほう》を変《か》えることにしました。

なぜかというと、チョコとガムをいっしょに食べるのはいいのですが、油《あぶら》といっしょに食べるのはちょっと嫌だなと思ったからです。

『用意するもの：板チョコ、チューインガム、サラダオイル、バター、ケチャップ、酢《す》、マヨネーズ、オレンジジュース、ココアの粉、ビニル袋《ぶくろ》

やり方①　ガムだけで食べて、消えないことを確かめて、次にチョコといっしょに食べてどうなるかを調べる。

やり方②　よくかんだガムを同じくらいの大きさに小さく8つに分ける。それぞれをビニル袋に入れて、チョコレート、サラダオイル、バター、ケチャップ、酢、マヨネーズ、オレンジジュース、ココアの粉を入れて、よくもんで、ガムが溶《と》けて消えるかどうかを確かめる』

「さあ、どうなるかな。私《わたし》の予想では、油が犯人《はんにん》じゃないかと思うのよね。あ、これもノートの予想に書いておくほうがいいかな。」

あきのさんはノートに書き足したり、バツを付けて書き直したりしながら、実験を

進《すす》めて、結果《けっか》をまとめることができました。

『ガムは、テレビで言った通り、チョコといっしょに食べると消えた。チョコの材料に油があったので、油や、そのほかのもので確かめたが、ガムが溶けたものの成分の中には、必《かなら》ず油分が含《ふく》まれていた。油そのもののサラダオイルやバターは速《はや》く溶けたので、ガムを溶かすのはチョコの油分だと思う。』

でき上がった自由研究をお母さんに見せたら、びっくりされました。あきのさん自身も、やってみて、なんだか探偵《たんてい》になった気分でなぞを追《お》えた上に、答えも見つかったので、少しだけ理科に自信《じしん》がつきました。

問い ガムはサラダドレッシングに溶けるだろうか。ノンオイルドレッシングはどうかな。

答え 油の入ったサラダドレッシングには溶けるが、ノンオイルドレッシングには溶けない。

ゼリーはなぜ固《かた》まるの？　生のパイナップルゼリーはどうして固まらないの？

かえさんの問《と》い　ゼリーは冷《ひ》えると固まって、温《あたた》まると溶《と》ける。なんでだろう。

リャンさんの問い　フルーツゼリーが好《す》きだけど、生のパイナップルは入れられない。なんでだろう。

色とりどりの果物《くだもの》が入ったゼリー、チョコレートのババロア、コンソメのジュレ、ハムのアスピック、おいしそうな名前が並《なら》びました。パーティーのテーブルにステキな器《うつわ》に入って並んでいそうですね。

まずはゼリーについて調《しら》べてみましょう。

「コンソメのジュレ」や「魚の煮《に》こごり」を知っていますか。動《どう》物《ぶつ》の皮《かわ》や骨《ほね》を、長時間水で煮るとゼラチン液《えき》になります。これを10度以下《いか》で冷やして、コンソメや魚の煮つけといっしょにそのまま固めればでき上がりです。ゼラチンの性質《せいしつ》をうまく利用《りよう》した料《りょう》理法《りほう》ですね。

ゼリーはゼラチンでできています。これはラテン語で「凍《こお》った」という意味《いみ》があるように、冷やすと固まる性質があります。

ゼラチンは「コラーゲン」からできています。コラーゲンは動物の体の、皮や腱《けん》、軟骨《なんこつ》や骨などを作っているタンパク質《しつ》の一つです。たくさんの分子がつながって、なわのようにからんでいて、とても丈夫《じょうぶ》です。

そんなコラーゲン分子を熱《ねっ》すると、なわがほどけて、壊《こわ》れ、水に溶《と》けるようになります。それが「ゼラチン」です。タンパク質ですから、人が消化《しょうか》して吸収《きゅうしゅう》できる栄養《えいよう》を、多く含《ふく》んでいて、ほんの少しカロリーもあります。

ゼラチン液は冷やすことで、ほどけた分子がもとのコラーゲン分子の形に戻《もど》ろうとして、編《あ》み目のようにからんで固まります。常温《じょうおん》で放置《ほうち》すればまた溶けます。

みなさんがゼリーを作るときに使《つか》う、ゼラチンの粉《こな》は、工場で皮と骨から作られています。これを水でふやかして、温めて溶かし、ジュースなどで味《あじ》をつけて、冷やして固めると、透明《とうめい》なゼリーになります。

ただし、溶かして温めるとき、決《けっ》して沸騰《ふっとう》させてはいけません。高温でコラーゲン分子が変化して形が変《か》わり、うまくもとのようにつなげなくなって、ゼリーが固まらなくなります。

さあ、ゼリーが固まる理由《りゆう》はわかりました。次《つぎ》は反対に、何が固まるのを、じゃまするかです。

生のパイナップルには、ゼリーの主成分《しゅせいぶん》のタンパク質《しつ》を分解《ぶんかい》してしまう酵素《こうそ》が含《ふく》まれています。

酵素とは生き物《もの》の体の中で起《お》きる、いろいろな反応を助《たす》ける物質です。ほかのものとくっついて化学変化《かがくへんか》を起《お》こさせ、離《はな》れていく。自分は変《か》わらず、もとの状態《じょうたい》になり、また次《つぎ》のものとくっつく。

そんな働《はたら》きができる酵素は、生き物特有《とくゆう》のタンパク質をもとにしてできている物質です。動物の体は大部分《だいぶぶん》が肉です。多くの肉は、同じ向きに並《なら》んだ繊維《せんい》でできています。肉をかんだとき、かみ切りやすい向《む》きがあるのはそのためです。糸の束《たば》や、髪《かみ》の毛の束が、ハサミを使わなければ切断《せつだん》しにくいように、肉の繊維の束も、そのままではちぎれにくく、「かみ切りにくい」「固い」といった印象《いんしょう》を与《あた》えます。そんな肉が、タンパク質分解酵素《しつぶんかいこうそ》によって、肉の繊維はぶちぶち切れて、全体的《ぜんたいてき》に柔《やわ》らかくなります。ゼリーにタンパク質分解酵素を加《くわ》えると、コラーゲンが壊れて、固まらなくなります。

このタンパク質分解酵素は、パパイヤに含まれるパパインがとても有名で、ほとんどこの名前だけで、肉を柔らかくする酵素をいうようになってしまいました。しかし、正確には、植物ごとに少しずつ違《ちが》う物質で、パイナップルに含まれる物質は、パパインにとてもよく似《に》たタンパク質でブロメラインといいます。ほかに、キウイフルーツ、イチジク、生姜《しょうが》など、それぞれ違う名前のタンパク質分解酵素を持《も》っています。

これらの果実《かじつ》を、うまく調理《ちょうり》に使《つか》うと、お肉は柔らかくなりますが、生のままゼラチン液に入れると、固まらなくて困《こま》ることになります。缶詰《かんづ》めのパイナップルを使うか、寒天《かんてん》を使ったゼリーにすれば大丈夫《だいじょうぶ》です。

タンパク質分解酵素には、人間の消化器から出される消化酵素なども含《ふく》まれます。食べ物のタンパク質を分解するために働《はたら》いています。

かえさんの答え　ゼリーはコラーゲンからできていて、コラーゲン分子を熱すると、なわのような分子がほどけて、壊れ、水に溶けるゼラチンになる。ゼラチン液を冷やすと、ほどけた分子がもとのコラーゲン分子の形に戻ろうとして、編《あ》み目のようにからんで固まる。これがゼリー。常温で放置すればまた溶ける。

リャンさんの答え　パイナップルに含まれるタンパク質分解酵素ブロメラインがコラーゲンを壊してしまって、固まらなくなる。

索《さく》引《いん》

この本に出ている、いろいろな言葉《ことば》や説明《せつめい》をまとめました。みなさんが知りたいな、不《ふ》思《し》議《ぎ》だなと思う言葉や説明があれば、そのページのお話を読んでみてください。思わぬ答えが見つかるかもしれません。

か行

さ行 〈ページ〉

参考文献

国立天文台編『理科年表2022』丸善出版
櫻井和俊・日野原千恵子他2名『エッセンス！フレーバー・フレグランス―化学で読みとく香りの世界』三共出版、2018

おとなのかたへ

「身近なことに関心をもたせよう」

小学校や中学校にも招かれ、出前授業をさせてもらっています。生徒の方々が目をかがやかせて聞いてくれるのは本当に楽しいものです。特に私が見つけた光触媒《ひかりしょくばい》の応用の一つである、たとえば、鏡がくもらなくなる実験を演示しますと、生徒の方々がいっせいにおどろきの声をあげてくれます。

出前授業では光触媒のほかにも、身のまわりのおもしろい現象について話します。たとえば、なぜアメンボは水の上をスイスイと動けるのかとか、梅前線とは言わないのに、南の方から徐々に桜が咲き始める桜前線があるのはなぜか、アサガオの花は何をもとにして開く時間がきまっているのか……など。

先生方でも、空や海が青いのはなぜ、と生徒に質問されて答えられなくてこまってしまうこともあると思います。身のまわりのいろいろな現象を不思議に思って質問をしてくる子どもたちの感性はすばらしいものです。このすばらしい感性を大事にして、のばしてあげることが、理科が好きになるキッカケにもなります。

これからの児童・生徒たちはＳＤＧｓ《エスディージーズ》という大きなテーマに向き合っていかなければなりません。ＳＤＧｓには環境、エネルギー、食糧、医療、人権、性差など、多くの課題が含まれていますが、実は、理科の学びにはこれらの課題を考えるヒントがたくさんあります。だからこの本の題名は『思考理科―なぜ?からはじめようＳＤＧｓ―』となっているのです。

そしてもう一つ、理科という科目は社会、算数、芸術、国語とも密接な関係があります。現代社会は科学技術と切っても切り離せませんし、理科にはたくさんの数字が出てきます。そして理科の法則や実験は、みんながわかる文章で表現しなければなりません。芸術の深い理解には、光や音や五感の知識が大きくかかわってきます。

このように、理科を知ることによって他の教科の理解も深まってゆくことでしょう。

これは今までの本になかった観点になります。

お父さん、お母さんもこの本でいっしょに学んでください。お父さん同士、お母さん同士で是非、子どもの「なぜ」を話題にしてください。そして「なぜ」がわかったときには、大いに自慢しましょう。

二〇二三年七月

東京理科大学　栄誉教授　藤嶋　昭

〈監修〉**藤嶋昭**（ふじしま　あきら）

一九四二年、東京都生まれ。東京大学大学院博士課程修了。工学博士。専門は光触媒、機能材料。東京理科大学栄誉教授、東京大学特別栄誉教授。日本化学会会長、日本学術会議会員などを歴任。日本化学会賞、日本学士院賞、恩賜発明賞、日本国際賞、文化功労者、ゲリッシャー賞、ガルバーニメダルなど受賞歴多数。二〇一〇年に文化功労者、二〇一七年に文化勲章受章。主な著書に『科学も感動から―光触媒を例にして』『時代を変えた科学者の名言』（ともに東京書籍）、『光触媒が未来をつくる』（岩波ジュニア新書）、『教えて！藤嶋昭先生　科学のギモン』（朝日学生新聞社）など多数。

〈監修〉
藤嶋 昭（ふじしま あきら）
東京理科大学 栄誉教授

〈著者〉
田中 幸（たなか みゆき）
サイエンスライター。長年、中学校や高等学校で理科を教えている。

結城千代子（ゆうき ちよこ）
サイエンスライター。長年、大学で教えながら、小学校生活科・理科、中学校科学の教科書執筆にたずさわっている。

2人の共著
『くっつくふしぎ』（福音館書店）、
『新しい科学の話 1年生～6年生』（東京書籍）、
『人物でよみとく物理』（朝日学生新聞社）、
ワンダー・ラボラトリシリーズ『粒でできた世界』（太郎次郎社エディタス）など。

本書は2012年発行『新しい科学の話 1年生～6年生』（東京書籍）を底本として、SDGsの観点から構成・内容を一新いたしました。

思考理科《しこうりか》 ―なぜ?からはじめようSDGs《エスディージーズ》―
第3巻 芸術《げいじゅつ》の理解《りかい》を深《ふか》める理科《りか》
2023年9月13日 第1刷発行

●監修 藤嶋昭
●著者 田中幸／結城千代子
●発行者 渡辺能理夫
●発行所 東京書籍株式会社
東京都北区堀船2-17-1 〒114-8524
03-5390-7531（営業）
03-5390-7455（編集）
https://www.tokyo-shoseki.co.jp

●本文イラスト わたなべふみ
●ブックデザイン 坂野公一（welle design）
●キャラクターデザイン ふくまさ
●編集協力／DTP 越海辰夫 柴田奈々（越海編集デザイン）
●印刷・製本 株式会社リーブルテック

Copyright © 2023 by Miyuki Tanaka,Chiyoko Yuki,Fumi Watanabe
All rights reserved. Printed in Japan
ISBN 978-4-487-81703-0 C8040 NDC 408

乱丁・落丁の場合はお取替えいたします。
定価はカバーに表示してあります。本書の内容の無断使用はかたくお断りいたします。